军情视点 编

陆军武器大百科

第二版

化学工业出版社
·北京·

本书选取世界各国陆军自第二次世界大战以来使用的武器，主要包括坦克、装甲车、火炮及导弹等重型武器，本书对它们进行了简明扼要的文字阐述，同时配有大量直观、精美的图片，力求图文并茂，使读者从真实的战地环境中来理解其历史、性能和特点。此外，为避免阅读的枯燥，本书还加入了"战地花絮"，为读者讲述武器、战争之外的奇闻逸事。本书不仅是一本军事科普书籍，更是一册陆军武器大辞海。

本书适合军事爱好者阅读并收藏，对广大喜欢军事的青少年亦有裨益。

图书在版编目（CIP）数据

陆军武器大百科 / 军情视点编. —2版. —北京：化学工业出版社，2017.5（2024.1重印）
（军事百科典藏书系）
ISBN 978-7-122-29397-8

Ⅰ. ①陆… Ⅱ. ①军… Ⅲ. ①陆军-武器装备-世界-普及读物 Ⅳ. ①E922-49

中国版本图书馆CIP数据核字（2017）第066691号

| 责任编辑：徐　娟 | 装帧设计：卢琴辉 |
| 责任校对：边　涛 | 封面设计：刘丽华 |

出版发行：化学工业出版社（北京市东城区青年湖南街13号　邮政编码100011）
印　　装：中煤（北京）印务有限公司
710mm×1000mm　1/12　印张18　字数330千字　2024年1月北京第2版第10次印刷

购书咨询：010-64518888　　　　　　　　　售后服务：010-64518899
网　　址：http://www.cip.com.cn
凡购买本书，如有缺损质量问题，本社销售中心负责调换。

定　　价：69.80元　　　　　　　　　　　　　版权所有　违者必究

前言

陆军的主要使命是对某一目标区域进行攻击,以占领该地并进行防守或向纵深推进。由于整个陆地都可以为陆军所用,所以只要补给部队能够到达,陆军可以在任何地方驻扎或作战,必要时甚至也会直接征用当地资源。不过在陆军中,也会有一些像要塞、大型后勤设施、演训场地这类不能移动的据点。由于其具有充足的人力、高度的独立性、必要的机动设备(如直升机、装甲车等),陆军也常被投入救灾任务,许多大规模灾害中都可以见到陆军的身影。

在战争中,陆军的地位是其他军种所无法替代的。从某种角度来说,不论是空军、海军,或者其他特殊军种(如特种部队),其最终目的都是为陆军进攻而服务的。陆军是非常具有战斗力的,它们分工明确,通常具有地面突击力量、火力打击力量、作战保障力量和后勤技术保障力量4个部分。那么,陆军如何做到各司其职,顺利完成任务呢?除了有素的训练、刚毅的意志之外,还有一样非常重要,那就是武器。

武器是士兵战斗的工具,也是士兵能否生还的保障。任何军种都是如此,陆军当然也不例外。随着科技技术的革新,现代战争已不再是第二次世界大战时期坦克横推、火炮乱轰的模式,它需要全方位、立体式密切合作。这导致陆军的分工越发细化,除了常见的步兵、装甲兵之外,还有陆军航空兵、通信电子兵、两栖作战部队、战术导弹部队等。

本书第一版于2015年推出,书中对第二次世界大战以来世界各国陆军所使用的各种武器进行了详细的介绍,包括坦克、装甲车辆、火炮及导弹以及直升机等。由于内容全面、图文并茂、印刷精美,该书在市场上产生了一定的积极影响。考虑到军事知识更新较快,在近两年里出现了不少新式陆军武器,而一些现役的陆军武器也在不断发生变化,针对这种情况,我们决定在第一版的基础上,虚心接受读者提出的意见与建议,推出内容更新更全、图片更多更精美的第二版。

与第一版相比,第二版不仅删除了部分过于老旧的陆军武器,还新增了不少新近研制的武器。除此之外,我们还对第一版的图片进行了完善,替换了一些质量不佳的图片,进一步增强了图书的观赏性和收藏性。

本书的相关数据资料来源于美国国家档案馆、美国国防后勤局等已公开的军事文档,以及《简氏防务周刊》《军事技术》杂志等国外知名军事媒体的相关资料。我们将其中有关这些陆军武器的来历、发展和参数等内容客观地记录下来,让读者可以全方位地了解它们。该书不仅是一本军事科普图书,更是一册陆军武器装备大百科。

参加本书编写的有丁念阳、杨森森、黎勇、王安红、邹鲜、李庆、王楷、黄萍、蓝兵、吴璐、阳晓瑜、余凑巧、余快、任梅、樊凡、卢强、席国忠、席学琼、程小凤、许洪斌、刘健、王勇、黎绍美、刘冬梅、彭光华、邓清梅、何大军、蒋敏、雷洪利、李明连、汪顺敏、夏方平等。在编写的过程中,我们在内容上进行了去伪存真的辨别,让内容更加符合客观事实,同时全书内容经过多位军事专家严格的筛选和审校,力求尽可能准确与客观,便于读者阅读参考。

由于水平有限,书中难免有疏漏和不妥之处,敬请广大读者批评指正。

编 者
2017年2月

目录 CONTENTS

第1章 进攻号角——大话陆军 / 001

1.1 陆军简史 / 002
1.1.1 时代演变——发展 / 002
1.1.2 斩堡破垒——武器 / 004
1.1.3 各司其职——兵种 / 004

1.2 特色陆军 / 005
1.2.1 飞天遁地——陆军航空兵 / 005
1.2.2 利刃突袭——特种部队 / 005

第2章 重装集结——坦克 / 007

英国"小威利"坦克 / 008
英国MK I坦克 / 009
英国"马蒂尔达"I步兵坦克 / 011
英国"马蒂尔达"II步兵坦克 / 012
英国"谢尔曼萤火虫"中型坦克 / 013
英国"丘吉尔"步兵坦克 / 014
英国"克伦威尔"巡航坦克 / 016
英国"十字军"巡航坦克 / 018
英国"百夫长"主战坦克 / 020
英国"酋长"主战坦克 / 022
英国"蝎"式轻型坦克 / 024
英国"挑战者"1主战坦克 / 026
英国维克斯MK7主战坦克 / 028
美国M2轻型坦克 / 029
美国M3中型坦克 / 030
美国M4"谢尔曼"中型坦克 / 032
美国M22"蝗虫"空降坦克 / 034
美国M24"霞飞"轻型坦克 / 035
美国M26"潘兴"重型坦克 / 037
美国M46"巴顿"主战坦克 / 038

美国M47"巴顿"主战坦克 / 039
美国M48"巴顿"主战坦克 / 040
美国M60"巴顿"主战坦克 / 042
美国M551"谢里登"空降坦克 / 044
美国M1"艾布拉姆斯"主战坦克 / 046
美国M41"沃克猛犬"轻型坦克 / 048
苏联T-10重型坦克 / 049
苏联IS-2重型坦克 / 050
苏联T-34中型坦克 / 051
苏联T-35重型坦克 / 052
苏联T-54/55主战坦克 / 053
苏联/俄罗斯T-62主战坦克 / 054
苏联/俄罗斯T-64主战坦克 / 056
苏联/俄罗斯T-72主战坦克 / 057
苏联/俄罗斯T-80主战坦克 / 058
苏联/俄罗斯T-80UM2"黑鹰"主战坦克 / 059
俄罗斯T-90主战坦克 / 060
俄罗斯T-95主战坦克 / 062
法国AMX-30主战坦克 / 063
法国AMX-56"勒克莱尔"主战坦克 / 064

法国"雷诺"FT-17轻型坦克 / 066
德国"豹"式中型坦克 / 067
德国"虎"式重型坦克 / 068
德国"豹"1主战坦克 / 069
德国"豹"2主战坦克 / 070
德国二号轻型坦克 / 072
德国三号中型坦克 / 073
日本90式主战坦克 / 074
日本10式主战坦克 / 075
意大利P-40重型坦克 / 076
意大利C1"公羊"主战坦克 / 077
瑞典S型主战坦克 / 078
以色列"梅卡瓦"主战坦克 / 079
印度"阿琼"主战坦克 / 080
土耳其"阿勒泰"主战坦克 / 081
韩国K1主战坦克 / 082
韩国K2主战坦克 / 084
瑞士Pz61主战坦克 / 085

第3章 铁甲卫士——装甲车辆 / 087

美国M2半履带装甲车 / 088
美国M2"布雷德利"步兵战车 / 089
美国M8装甲车 / 090
美国V-100装甲车 / 091
美国M1117"守护者"装甲车 / 092
美国MPC装甲运兵车 / 093
美国JLTV装甲车 / 094

美国AIFV步兵战车 / 095
美国"斯特赖克"装甲车 / 096
美国"水牛"地雷防护车 / 097
美国"悍马"装甲车 / 098
美国M20通用装甲车 / 099
苏联/俄罗斯BMP-1步兵战车 / 100
苏联/俄罗斯BTR-80装甲运兵车 / 101

苏联BTR-152装甲运兵车 / 102
德国SdKfz 250半履带装甲车 / 103
德国SdKfz 251半履带装甲车 / 104
德国"野犬"全方位防护运输车 / 105
德国"美洲狮"步兵战车 / 106
德国UR-416装甲运兵车 / 107
法国VBCI步兵战车 / 108

法国 VBL 装甲车 / 109
法国 AMX-VCI 步兵战车 / 110
法国 AMX-10P 步兵战车 / 111
英国 "撒拉森" 装甲车 / 112
英国 "袋鼠" 装甲车 / 113
英国 "瓦伦丁" 步兵战车 / 114
英国 "萨拉丁" 装甲车 / 115
加拿大 LAV-3 装甲车 / 116
加拿大 LAV-25 装甲车 / 117
澳大利亚 "大毒蛇" 装甲运兵车 / 118
意大利 "达多" 步兵战车 / 119
意大利 "半人马" 装甲车 / 120
南非 "蜜獾" 步兵战车 / 121
南非 "大山猫" 装甲车 / 122
西班牙 "瓦曼塔" 装甲车 / 123
以色列 "阿奇扎里特" 装甲车 / 124
以色列 "沙猫" 装甲车 / 125
土耳其 "眼镜蛇" 装甲车 / 126
瑞士 "食人鱼" 装甲车 / 127
阿根廷 VCTP 步兵战车 / 128
瑞典 CV-90 步兵战车 / 129
日本 89 式步兵战车 / 130
日本 LAV 装甲车 / 131

第 4 章 远程爆破——火炮及导弹 / 133

4.1 夺命后坐力——火炮 / 134

美国 M2A1 式 105 毫米榴弹炮 / 134
美国 M1 75 毫米榴弹炮 / 135
美国 M2 105 毫米榴弹炮 / 136
美国 M107 自行火炮 / 137
美国 M109 自行火炮 / 138
美国 M110 自行火炮 / 139
美国 M142 自行火炮 / 140
美国 M198 式 155 毫米榴弹炮 / 141
美国 M224 式 60 毫米迫击炮 / 142
美国 M270 火箭炮 / 143
美国 M1 型 90 毫米高射炮 / 144
苏联 / 俄罗斯 2S4 "郁金香树" 自行火炮 / 145
苏联 / 俄罗斯 2S5 "风信子" 自行火炮 / 146
苏联 M1938 式 122 毫米榴弹炮 / 147
苏联 M1938 式 120 毫米迫击炮 / 148
德国 leFH18 式 105 毫米榴弹炮 / 149
德国 PzH2000 自行火炮 / 150
德国 sFH18 式 150 毫米榴弹炮 / 151
德国 Nebelwerfer 41 式 150 毫米火箭炮 / 152
英国 QF 25 磅榴弹炮 / 153
英国 M777 榴弹炮 / 154
英国 L16 式 81 毫米迫击炮 / 155
英国 L9A1 式 51 毫米迫击炮 / 156
英国 AS-90 自行火炮 / 157
日本 75 式火箭炮 / 158
日本 99 式自行火炮 / 159
波兰 WR-40 火箭炮 / 160
巴西 ASTROS Ⅱ 多口径火箭炮 / 161
韩国 K9 自行火炮 / 162
法国 CAESAR 自行火炮 / 163

4.2 致命方程式——导弹 / 164

美国 FIM-43 "红眼" 便携式防空导弹 / 164
美国 FIM-92 "毒刺" 便携式防空导弹 / 165
美国 MIM-72/M48 "榭树" 地对空导弹 / 166
美国 MIM-104 "爱国者" 地对空导弹 / 167
美国 THAAD 地对空导弹 / 168
美国 BGM-71 "陶" 式反坦克导弹 / 169
美国 FGM-148 "标枪" 反坦克导弹 / 170
苏联 / 俄罗斯 9K32 "箭" -2 便携式防空导弹 / 171
苏联 / 俄罗斯 9K38 "针" 便携式防空导弹 / 172
苏联 / 俄罗斯 SA-11 "山毛榉" 地对空导弹 / 173
苏联 / 俄罗斯 SA-15 "臂铠" 地对空导弹 / 174
苏联 / 俄罗斯 S-75 "指南" 地对空导弹 / 175
俄罗斯 "铠甲" -S1 防空系统 / 176
俄罗斯 9M131 "混血儿" M 反坦克导弹 / 177
俄罗斯 S-400 "咆哮者" 地对空导弹 / 178
英国 "吹管" 便携式防空导弹 / 179
英国 "星光" 便携式防空导弹 / 180
英国 "轻剑" 地对空导弹 / 181
法国 "西北风" 便携式防空导弹 / 182
法德 "米兰" 反坦克导弹 / 183
日本 91 式便携式防空导弹 / 184
韩国 "飞马" 地对空导弹 / 185
瑞典 MBT LAW 反坦克导弹 / 186
瑞典 RBS 70 便携式防空导弹 / 187

第 5 章 低空火舌——直升机 / 189

美国 AH-1 "眼镜蛇" 直升机 / 190
美国 AH-64 "阿帕奇" 直升机 / 191
美国 UH-1 "伊洛魁" 通用直升机 / 192
美国 CH-47 "支奴干" 运输直升机 / 193
美国 OH-58 "奇欧瓦" 轻型直升机 / 194
美国 UH-60 "黑鹰" 通用直升机 / 195
美国 UH-72 "勒科塔" 通用直升机 / 196
苏联 / 俄罗斯米 -6 "吊钩" 运输直升机 / 197
苏联 / 俄罗斯米 -8 "河马" 运输直升机 / 198
苏联 / 俄罗斯米 -26 "光环" 通用直升机 / 199
苏联 / 俄罗斯米 -28 "浩劫" 直升机 / 200
俄罗斯卡 -50 "黑鲨" 直升机 / 201
俄罗斯卡 -52 "短吻鳄" 直升机 / 202
欧洲 "虎" 式直升机 / 203
欧洲 NH90 通用直升机 / 204
法国 SA 330 "美洲豹" 通用直升机 / 205
南非 CSH-2 "石茶隼" 直升机 / 206
英国 AW159 "野猫" 直升机 / 207
日本 OH-1 "忍者" 直升机 / 208
韩国 KUH-1 "雄鹰" 直升机 / 209

参考文献 / 210

第1章 进攻号角——大话陆军

陆军,顾名思义就是在陆地上作战的军队,它是目前世界上人数最多的军种,也是人类历史上最古老的兵种。从冷兵器时代到热兵器时代,随着武器的发展,陆军的战斗模式也有所变化,同时,任务分工也越来越明确,其中主要包括步兵、炮兵、装甲兵和陆军航空兵等。下面我们将带您走近陆军,对其发展、武器种类等方面做详细介绍。

1.1 陆军简史

1.1.1 时代演变——发展

17～18世纪末期，许多国家已正式将军队区分为陆军和海军，其中，陆军分为战斗部队（主要包括步兵、骑兵和炮兵等）、勤务部队。19世纪初期，陆军开始走向正规化，采取统一的组织编制，使用制式的武器装备，颁布各种条令、条例，实行集中统一指挥。

第一次世界大战（以下简称一战）爆发前，为在战争中取得胜利，各国开始大规模扩充陆军，战争中又新组建大量部队，组织结构也发生较大变化。这主要表现在：步兵、炮兵仍是主要兵种，骑兵的地位有所下降，而工程兵、通信兵的作用有了提高，同时，化学兵、装甲兵、陆军航空兵等新兵种和专业技术兵相继产生。

战壕中的陆军

一战时期的德国陆军

陆军炮兵使用火炮进行战斗

陆军炮兵拖曳火炮

第二次世界大战（以下简称二战）期间，陆军的规模进一步扩大。在战争初期，德国总兵力为700余万人，而陆军就有520万人，编有214个师，其中坦克和摩托化步兵师35个；苏联总兵力500余万人，陆军编成303个师。此外，其他主要参战国的陆军也各有几百万人。当时陆军装备有坦克、火炮、火箭炮等新式武器，其火力、防御力和机动性有了空前的提高。由于战场需求，各主要参战国新组建了大量步兵师、机械化师和坦克师，有的还建立了炮兵军、坦克集团军和诸兵种合成集团军、方面军（集团军群）。

20世纪80年代末，苏联陆军有231个师，人数达159.6万人；美国陆军有18个师，人数达76.6万余人。武器方面，由于各国越来越注重海陆空联合作战，所以非常注重机动性，导致一些重型坦克开始没落，取而代之的是各式各样的装甲车辆。之后，各国陆军不断进行调整，但一直保持着相当大的规模，数量大大超过二战前。不过，随着各国普遍加强陆军质量建设，陆军人员数量呈下降趋势。例如，1992年初，美国陆军共有67.4万人，编有5个集团军司令部、5个军部、14个作战师，而到1995年时，减至12个师，共51万人，到2021年进一步减至46万人（现役军人）。现在，一些发达国家的陆军装备导弹、战术核武器等现代兵器，组织体制和训练也有较大改进，陆军的发展和建设达到了前所未有的水平。

二战时期的美国陆军机动部队

战斗演习中的美国陆军

20世纪80年代美国陆军某营地一角

1.1.2 斩堡破垒——武器

发展至今，由于技术、资金等各方面的原因，各国陆军在武器方面不尽相同。多数国家的陆军装备有装甲车（包括运兵车、步兵车等）、坦克、火炮等常规武器；少数发达国家的陆军装备有战役战术导弹，不仅可以发射常规弹头，而且还可以发射核弹头。此外，诸如美国这种军事大国，还为陆军装备了直升机、地对空导弹等多种新型武器，大大提高了陆军的机动性和防卫能力。

美国陆军正在执行作战任务　　陆军正在发射火炮

1.1.3 各司其职——兵种

现代陆军是一个多兵种、多系统和多层次有机结合的整体，具有强大的火力、突击力和高度的机动能力，既能独立作战，又能与其他军种联合作战。陆军主要由步兵、装甲兵、炮兵、陆军航空兵和专业兵等组成。有的国家陆军还有空降兵、导弹兵和铁道兵等。各国陆军通常设有军种领导指挥机关，其军种领导指挥机关的名称不尽一致，有的称陆军部，有的称陆军总司令部，有的称陆军司令部，有的称陆军参谋部等。各国陆军通常按师、团、营、连、排、班的序列编制，有的国家的陆军还编有集团军一级。

坦克兵

导弹兵

早期的铁道兵

1.2 特色陆军

1.2.1 飞天遁地——陆军航空兵

陆军航空兵,简称陆航,是陆军编制序列中的一个兵种,具有强大火力、超越突击能力以及精确打击能力,是陆军实施非线式、非接触、全纵深机动作战的骨干力量。自海湾战争之后,陆军航空兵得到了广泛运用和迅速发展,发展态势良好。它的主要武器装备是直升机。根据直升机的性能特点,通常分为攻击直升机、运输直升机和各种类型的勤务直升机等。在现代战争中,陆军航空兵可为地面部队提供直接空中火力支援,毁伤敌前沿和战术纵深内的重要目标,攻击敌方直升机和坦克装甲车辆,实施机降战斗,保障地面部队空中机动,并可执行空中侦察、警戒、巡逻和为炮兵校正射击,以及对敌核武器、化学武器和生物武器实施监测等任务。

正在登机的陆军航空兵

野外战斗中的陆军航空兵

陆军航空兵下机中

战地中的英国特别空勤团

执行任务的法国国家宪兵特勤队

1.2.2 利刃突袭——特种部队

自英国组建了世界上第一支特种部队"哥曼德",并在战场上屡建奇功之后,世界各国也都开始组建特种部队,并活跃于各大战场。二战后,不少军事强国纷纷组建了更适合现代化战争的特种部队。随着国际形势的发展,特种部队的作战范围也在变化。进入20世纪70年代后,由于恐怖主义的泛滥,特别是慕尼黑恐怖事件之后,欧洲各国又陆续建立起专业反恐或带军事性质的反恐特种部队,例如英国的特别空勤团(Special Air Service,缩写:SAS)、法国国家宪兵特勤队(Groupe d'intervention de la gendarmerie nationale,缩写:GIGN)等。发展至今,特种部队作战范围已不再局限于战场,反恐任务也是其"主业"。

第 2 章　重装集结——坦克

坦克曾一度被称为"陆战之王",主要执行与对方坦克或其他装甲车辆作战的任务,也可以压制、消灭反坦克武器,摧毁工事,歼灭敌方有生力量等。它诞生于一战,在二战中凸显威力,至今仍是各国陆军部队地面突击力量的主要装甲战斗车辆之一。下面我们将带领读者走进战地,零距离体验钢铁世界。

英国"小威利"坦克

"小威利"（Little Willie）是世界上第一种坦克，其绰号"大水柜"（Tank）是"坦克"这一名称的由来。虽然其性能较差且没有大量生产，但它在坦克发展史上的地位是不容忽视的。

"小威利"于1915年7月开始设计，8月11日开始建造。它使用柯尔特拖拉机的履带，履带上是一个装甲箱，车尾是一对液压控制的轮子，用来协助转向和跨越堑壕。该坦克装有一台105马力（1马力=745.7千瓦，下同）戴姆勒汽油发动机，主要武器是1门40毫米口径的主炮，备弹800发，另外还有若干7.7毫米口径机枪。

"小威利"只使用了10毫米厚的钢板作为装甲，但车体依然很沉重，使得其最大速度仅为3.2千米/小时。当时的战场主要是英德之间的"壕沟战"，而"小威利"的乘员舒适性极差，其越野性也没有达到英国政府的设计要求，所以未能大量生产。

基本参数	
长度：	5.87米
宽度：	2.86米
高度：	3.05米
重量：	18.29吨
最大速度：	3.2千米/小时
最大行程：	约30千米

【战地花絮】

在"小威利"坦克的基础上开发的后继型号MK I坦克于1916年9月15日的索姆河战役中投入战斗。德军面对这种"刀枪不入"的钢铁"怪物"手足无措，因而起到了震撼性的效果，也意味着一个新的时代——机械化战争时代的到来。

"小威利"坦克结构示意图

翻越沟壑中的"小威利"坦克

英国MK I 坦克

MK I 坦克是英国研制的世界上第一种正式参与战争的坦克，是在"小威利"坦克的基础上研制而来，因此又被称为"大威利"（或译为"大游民"）坦克。

1916年1月29日，英国陆军对首批29辆MK I 坦克进行试验，结果表明，其可以跨越3.5米宽的堑壕，达到了陆军的要求。最初的MK I 坦克有两种：没有装备火炮只配有机枪的称为"雌性坦克"（Female tank），装备火炮也配有机枪的称为"雄性坦克"（Male tank）。"雌性坦克"不久被放弃，"雄性坦克"则开始批量生产。

基本参数
长度：9.94米
宽度：4.33米
高度：2.44米
重量：28.4吨
最大速度：5.9千米/小时
最大行程：30千米

MK I 坦克的外形特点是战车底盘与上部车身结合为一体，成为一个高大的菱形，加上低重心及特长履带，如同把整个车体变成了一个大车轮，令车体可以滚过铁丝网与壕沟。车体内的乘员室并无任何隔间，引擎和武器等机械同处于一个空间内，加上引擎没有减振减音装置，因此环境非常恶劣。

战地中的MK I 坦克

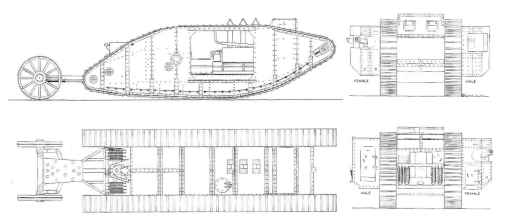

MK I 坦克示意图

「衍生型号」

MK Ⅱ坦克
MK Ⅱ坦克共生产了 50 辆。原计划中，它是用来作为训练车，但由于 MK Ⅰ坦克的生产量未能达标，所以 MK Ⅱ被迫参加了 1917 年 4 月的阿拉斯战役。

MK Ⅲ坦克
同 MK Ⅱ坦克一样，MK Ⅲ坦克也生产了 50 辆。它原本计划作为教练车，但由于其他原因，被用作后续型号的设计实验体，主要测试新型技术是否实用。

MK Ⅳ坦克
MK Ⅳ配有 2 门霍奇基斯 6 磅（1 磅 =0.453592 千克，下同）快速炮，重 28.4 吨。1917 年 5 月 ~1918 年底，MK Ⅳ共生产了 1220 辆。

MK Ⅴ坦克
1917~1918 年 6 月，MK Ⅴ共生产了 400 辆。其服役时间为 1918~1945 年。

英国"马蒂尔达"Ⅰ步兵坦克

"马蒂尔达"(Matilda)Ⅰ步兵坦克是由英国维克斯公司于二战前设计生产的,其特点是结构简单,能使用现有的坦克部件进行组装。这一点非常符合战争物资能大量、快速生产的要求。不过,也正是这一点,让"马蒂尔达"Ⅰ步兵坦克显得"便宜没好货",其性能确实不佳。

"马蒂尔达"Ⅰ步兵坦克的车身和炮塔对于当时的反坦克武器有很好的防御作用,但是它的履带和行走部分则完全是裸露的,而且这些部分很容易受到攻击。另外,它的火炮没有任何的反坦克能力,这更加限制了它在战场上的作用。炮塔内部没有安放无线电台的空间,车长必须要进入车体内部使用无线电台。此外,车长还要操作机枪、给驾驶员引路。

英军坦克兵探出炮塔观察

"马蒂尔达"Ⅰ步兵坦克示意图

基本参数
长度:	4.85米
宽度:	2.28米
高度:	1.86米
重量:	11.17吨
最大速度:	12.87千米/小时
最大行程:	130千米

【战地花絮】

"马蒂尔达"Ⅰ步兵坦克共生产了140辆,目前仅存3辆,都保存在博文顿坦克博物馆,其中一辆尽管没有原装的引擎和变速箱,但还可以行走。

英国"马蒂尔达"Ⅱ步兵坦克

"马蒂尔达"（Matilda）Ⅱ步兵坦克是"马蒂尔达"Ⅰ步兵坦克的后继型号，虽然两者部分外形相似，但内部设计完全不同，并没有可共用组件。该坦克由英国伍尔维奇（Woolwich）兵工厂设计生产。由于是应急产品，所以结构尽可能简化，这导致其与"马蒂尔达"Ⅰ步兵坦克一样——"不耐揍"。

"马蒂尔达"Ⅱ步兵坦克示意图

基本参数	
长度：5.61米	宽度：2.59米
高度：2.52米	重量：26.9吨
最大速度：24千米/小时	最大行程：258千米

正如前文所说，"马蒂尔达"Ⅰ步兵坦克性能太差，英国军方当时也认识到这一点，所以在其生产阶段，就要求研发另一种新型步兵坦克，以取代"马蒂尔达"Ⅰ。新型坦克的研发交与英国伍尔维奇兵工厂，而该兵工厂推出的正是"马蒂尔达"Ⅱ步兵坦克。

"马蒂尔达"Ⅱ步兵坦克的设计包括装有1挺机枪及可转动炮塔（3人炮塔），以及用2部现成的商业用引擎来提供动力。其中，坦克的炮塔计划采用铸造的生产方式，以确保良好的装甲防御。

英国"谢尔曼萤火虫"中型坦克

"谢尔曼萤火虫"（Sherman Firefly）中型坦克是二战时唯一可以在正常作战距离击毁"豹"式坦克和"虎"式坦克的英军坦克，它是以美国M4"谢尔曼"中型坦克为基础研发的。

二战期间，尽管当时英国使用了大量的美国坦克，但他们希望研发中的新坦克可以在反坦克任务上取代美制坦克。为此，英国积极研发其他使用76.2毫米反坦克炮的坦克，在过渡期先以"谢尔曼萤火虫"填补空缺。由于其他坦克的研发并不顺利，因此在所有使用76.2毫米反坦克炮的坦克中，"谢尔曼萤火虫"所占比例是最高的。

英军士兵与"谢尔曼萤火虫"中型坦克

城镇战区中的"谢尔曼萤火虫"中型坦克

"谢尔曼萤火虫"中型坦克示意图

"谢尔曼萤火虫"的主要武器是QF 76.2毫米反坦克炮，这是英国在战时火力最强的坦克炮，也是所有国家中最有威力的坦克炮之一，其穿甲能力优于"虎"式坦克的88毫米坦克炮、"豹"式坦克的75毫米炮或M26"潘兴"的M3 90毫米炮。当使用标准的钝头被帽穿甲弹（APCBC），入射角度为30度时，"谢尔曼萤火虫"的主炮可以在500米远处击穿140毫米厚的装甲，在1000米击穿131毫米。若用脱壳穿甲弹（APDS），入射角度同样为30度时，在500米远处可击穿209毫米厚的装甲，在1000米远处则可以击穿192毫米厚的装甲。

基本参数	
长度：5.89米	宽度：2.64米
高度：2.7米	重量：35.3吨
最大速度：40千米/小时	最大行程：193千米

【战地花絮】

尽管"谢尔曼萤火虫"有优秀的反坦克能力，但在对付软目标，如敌人步兵、建筑物和轻装甲的战车时，被认为比一般的"谢尔曼"差。因此，盟军的坦克单位一般会拒绝完全换用"谢尔曼萤火虫"。另一个问题是Q 76.2毫米仅坦克炮开火时会扬起大量的尘土以及烟雾，使得炮手不容易观测炮弹的落点，而必须依赖车长观察落点并修正。烟尘同时也会暴露开火位置，因此，"谢尔曼萤火虫"每射击几次后就必须转移位置。

英国"丘吉尔"步兵坦克

"丘吉尔"（Churchill）是英国在二战时的最后一种步兵坦克，也是二战中英国生产数量最多的一种坦克。该坦克以厚重的装甲及众多衍生车种在二战战场上担任英军主要坦克的重任。值得注意的是，它的开发并非源于二战，而是来自一战堑壕战的设计理念，因此防御能力较强。

1939年9月，为取代"马蒂尔达"Ⅱ型步兵坦克，代号为A20的新型步兵坦克由哈兰德和沃尔夫公司开始设计，次年6月，制造出4辆A20样车。此时正值英法军队在西欧大陆全面溃败，面对德军以坦克集群为主力的"闪电战"，A20已难以胜任对抗德国新型坦克的任务。为此，1940年7月，沃尔斯豪尔公司接受了研制A22步兵坦克的合同，并被要求一年内投入生产。1941年6月，首批生产型A22坦克共14辆交付英军，随即开始大批量生产，并被命名为"丘吉尔"步兵坦克。

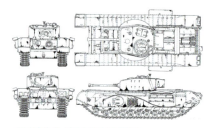

"丘吉尔"步兵坦克示意图

基本参数	
长度：	7.4米
宽度：	3.3米
高度：	2.5米
重量：	38.5吨
最大速度：	24千米/小时
最大行程：	90千米

衍生型号

"丘吉尔"Ⅰ

"丘吉尔"Ⅰ的主要武器为1门40毫米火炮，此外，在车体前部还装有1门76.2毫米的短身管榴弹炮。

"丘吉尔"Ⅱ

自"丘吉尔"Ⅱ开始，均取消了车体前部的短身管榴弹炮，而代之以7.92毫米机枪。

第 2 章 重装集结——坦克

"丘吉尔"坦克的装甲防护能力非常好，装甲厚度（炮塔正面）达到了102毫米，某些最大装甲厚度更增加到了152毫米。和所有的英国步兵坦克一样，"丘吉尔"最大的弱点就是火力不足，依旧无法和"虎"式、"豹"式坦克正面对抗。

【战地花絮】

步兵坦克，就是用于伴随步兵作战，提供掩护和火力支援的坦克类型。步兵坦克不要求高速度，反坦克火力也不是很强，但是具有很厚的装甲，要求能够抗击敌方的反坦克火力。

「衍生型号」

"丘吉尔"Ⅲ

"丘吉尔"Ⅲ采用了焊接炮塔，其主炮换为57毫米加农炮，大大提高了坦克火力。

"丘吉尔"Ⅳ

"丘吉尔"Ⅳ仍采用57毫米火炮，但又改为铸造炮塔。

英国"克伦威尔"巡航坦克

"克伦威尔"（Cromwell）坦克是英国在二战中研制的巡航坦克，虽然名气不如"马蒂尔达""丘吉尔"般响亮，但其优异且均衡的性能在地中海、法国战场获得了相当高的评价，曾是英国最重要的巡航坦克。

20世纪40年代初，英国参谋本部制订了"重型巡航战车"计划。根据1941年的战术技术要求，拟发展重25吨、前装甲厚70毫米、能发射6磅炮弹的重型坦克。1942年1月，伯明翰铁路公司研发出第一辆试验车，首批生产型坦克直到1943年1月才制造出来。这是一种采用航空引擎并把功率调低的坦克，被命名为"克伦威尔"巡航坦克。

「衍生型号」

"挑战者"（Challenger）巡航坦克

由于火力强劲，二战期间"挑战者"被当作"坦克杀手"来使用，其17磅炮的穿甲能力足以对付德军的重型坦克，但是更加便宜的"萤火虫"坦克入役后，很快就接替了它。

A33"奋进号"中型坦克

A33"奋进号"中型坦克最特别的设计是能够通用其他型号坦克的部件，这对当时有着非凡的意义。采用这样的设计能够加快坦克的生产、维修和变换功能的速度。变换功能即能够在巡航坦克、步兵坦克和重火力坦克之间，通过配用相关组件来进行切换。该特性无疑是增强了A33"奋进号"中型坦克的通用性。

"克伦威尔"巡航坦克示意图

"克伦威尔"坦克的车体和炮塔多为焊接结构，有的为铆接结构，装甲厚度为8～76毫米。主要武器是1门57毫米火炮，辅助武器有1挺7.92毫米并列机枪和1挺7.92毫米前机枪。发动机为V-12水冷汽油机，功率441千瓦。传动装置有4个前进挡和1个倒挡，行动装置采用克里斯蒂悬挂装置。

基本参数

长度：6.35米
宽度：2.91米
高度：2.83米
重量：28吨
最大速度：64千米/小时
最大行程：270千米

【战地花絮】

由于装备部队的时间较晚，加上火炮威力相对较弱，"克伦威尔"在二战中发挥的作用有限，但在诺曼底战役及随后的进军中为战争的胜利做出了贡献。

"御夫座"（Charioteer）反坦克战车

"御夫座"于20世纪50年代作为一款反坦克战车被制造，目的是增强英国在联邦德国的部队的火力。简而言之，它就是在"克伦威尔"中型坦克的底盘上安装了1门20磅炮。

英国"十字军"巡航坦克

"十字军"(Crusader)是英国在二战时期最主要的巡航坦克,其行动装置采用了克里斯蒂式行动装置,每侧有5个大直径的负重轮,主动轮在后,诱导轮在前。较高的单位功率、大直径负重轮,使得"十字军"坦克的最大速度达到了43千米/小时,在二战前期的坦克中名列前茅,但由于可靠性不足和装甲薄弱,在进攻意大利时被美国坦克取代。

"十字军"巡航坦克示意图

基本参数	
长度:5.97米	宽度:2.77米
高度:2.24米	重量:19.7吨
最大速度:43千米/小时	最大行程:322千米

1939年,英国诺非尔德集团参与生产了MK Ⅲ巡航坦克(后来改进成"立约者"巡航坦克)。其后,诺非尔德集团也开始自行研制巡航坦克,定型后命名为"十字军",英军参谋部命名编号为A15。"十字军"坦克从1940年初开始生产,到1943年停止生产为止,Ⅰ、Ⅱ、Ⅲ型三种坦克的总生产量达5300辆,成为英军在二战前期的主力战车。"十字军"坦克首次服役于1941年6月的"战斧行动"中,其后的"十字军"行动也因英军大量投放这种坦克而命名。

【战地花絮】

虽然"十字军"坦克的速度远胜于德军坦克，但存在火力差、装甲薄弱和可靠性不足的问题。当德军部队使用反坦克炮从远处攻击时，"十字军"坦克的射程和火力根本难以反击。在北非战役后，"十字军"坦克被性能更好的M4"谢尔曼"、"克伦威尔"坦克所取代，"十字军"坦克大多退出一线，少部分改装成自行防空炮或火炮牵引车。

「衍生型号」

"十字军" I

"十字军" I型是最初生产的型号，与"立约者"坦克的共同点最多，战斗全重为19吨，乘员为5人。在结构上，它的最大特点是除了有1个主炮塔外，在车体前部左侧还有1个小的机枪塔，可以做有限的转动。主要武器是1门40毫米火炮，辅助武器为2挺7.92毫米机枪。此外，车内还有1挺对空射击用的"布伦"轻机枪，但不是固定武器。

"十字军" II

"十字军" II型是I型的改进型，也称为I型的装甲强化型。其特点是装甲厚度加厚了6～10毫米，车体正面和炮塔正面焊接上了14毫米厚的附加装甲板。

"十字军" III

"十字军" III型的生产数量最多，最大变化是换装了57毫米火炮，炮塔也做了重新设计。辅助武器是1挺"比塞"7.92毫米并列机枪，弹药基数为5000发。乘员人数减为3人，取消了前机枪手和装填手。动力装置为纳菲尔德－自由型V型12缸航空发动机，位于车体后部动力舱内，最大功率由400马力调到340马力。行动装置采用了克里斯蒂式行动装置，每侧有5个大直径的负重轮，主动轮在后，诱导轮在前。

英国"百夫长"主战坦克

"百夫长"(Centurion)是英国在二战末期研制的主战坦克,但未能参与实战。二战结束后,由于性能较为出众,"百夫长"受到其他国家的青睐,成为西方国家在二战之后服役国家最多的坦克,同时也是服役最久的设计(在英国本土服役至20世纪90年代)。

1943年底,位于米德尔塞克斯的AEC(联合设备公司)开始制造A41巡航坦克的全尺寸模型,并于1944年5月完成了制造工作。1945年4月,6辆原型坦克被交付给英军。英国陆军决定直接把它们配备给装甲部队,以便参加德国境内的战斗,在战斗环境下接受检验。这个行动被称为"哨兵行动"。由于战争结束,英国人的实战检验计划落空,但英国陆军仍然决定让A41巡航坦克在欧洲大陆接受长途行军等项目的测试。1945年,通过检验的A41巡洋坦克开始批量生产,英军称其为"百夫长"主战坦克。

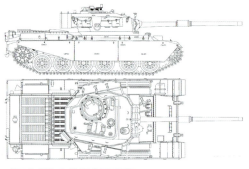

"百夫长"主战坦克示意图

基本参数
- 长度:9.8米
- 宽度:3.38米
- 高度:3.01米
- 重量:52吨
- 最大速度:35千米/小时
- 最大行程:450千米

"百夫长"上装有1台劳斯莱斯公司生产的"流星"12缸汽油机,最大输出功率为650马力(484.7千瓦)。传动装置由梅利特-布朗公司提供。该传动装置为机械式,包括变速机构、差速转向装置和汇流行星排。变速机构可提供5个前进挡和2个倒挡,每个排挡都有1个规定转向半径,最小转向半径为车宽的一半。"百夫长"车体每侧有6个负重轮,每2个负重轮为1组,每组有1套同心螺旋弹簧,前后两组悬挂装置带液压减震器。

【战地花絮】

二战后英国的坦克发展一向重火力和防护,导致坦克的速度慢,行程短。这一情况直到20世纪90年代"挑战者"2主战坦克的出现,才得到了比较好的解决。

「衍生型号」

"百夫长" MK I

"百夫长" MK I 的装甲非常厚实,防御力较强,其前装甲厚76毫米,车体侧面与后部装甲厚38毫米,炮塔主装甲厚152毫米。同样的引擎,如果装甲厚实则坦克的行驶速度会变慢,鉴于此,英国不得不将主炮"百夫长" MK I 的主炮口径缩小,以减轻整体重量。

"百夫长" MK III

"百夫长" MK III 主要是为了试验英国于1948年研制的20磅炮(83.4毫米线膛炮)。

"百夫长" MK II

"百夫长" MK II 是"百夫长" MK I 的升级版,对一些容易受到攻击的地方进一步强化了装甲。此外,主炮口径也有所提升。该型于1946年12月首次入役,装备英国第5皇家坦克团。

"百夫长" MK IV

为扩大坦克的任务范畴,英国将其他型号的特色集于一体,形成了"百夫长"MK IV。它装备95毫米榴弹炮,可担任步兵掩护任务,也可做近距离火力支援。

英国"酋长"主战坦克

"酋长"（Chieftain）是英国于20世纪50年代末研制的主战坦克，其车体装甲厚度在80～90毫米之间，炮塔正面装甲厚度则为150毫米。炮塔正面有大角度的倾斜造型，避弹能力颇佳。此外，整体车高也比较低矮，生存性优于美制M60坦克。该坦克曾被英国、伊朗、伊拉克和约旦等国使用，截至2021年仍有一部分正在服役。

"酋长"主战坦克示意图

基本参数	
长度：7.5米	宽度：3.5米
高度：2.9米	重量：55吨
最大速度：48千米/小时	最大行程：500千米

20世纪50年代初期，英国陆军打算发展新一代的主力战车来取代"百夫长"主战坦克，研发工作由先前设计"百夫长"MK7型的里兰德（Leyland）汽车公司负责。1956年，里兰德公司制造了3辆称为FV4202的坦克样车。这种坦克设计受到英国军方的重视。之后，里兰德公司对FV4202进行了一系列改进，最终形成了"酋长"主战坦克。

训练场上的"酋长"主战坦克

"酋长"坦克的主要武器是1门L11A5式120毫米线膛坦克炮,这也是英国主战坦克的特色(其他国家通常都采用法国地面武器系统公司或德国莱茵金属公司的滑膛炮)。该炮采用垂直滑动炮闩,炮管上装有抽气装置和热护套,炮口上装有校正装置。火炮借助炮耳轴弹性地装在炮塔耳轴孔内,这种安装方式可减少由于射击撞击而使坦克损坏的可能性。该炮射速较高,第一分钟可发射8~10发,以后射速为6发/分。

【战地花絮】

"酋长"坦克还拥有极佳的核生化防护能力,不仅配备核生化防护系统(安装在炮塔后方)来过滤空气,空调、饮水粮食的储备也能使乘员在密闭的车内持续作战7天之久。此外,车内装有5具灭火抑爆系统。

快速行驶的"酋长"主战坦克

「衍生型号」

FV-4205 AVLB 架桥车

FV-4205 AVLB 架桥车由"酋长"主战坦克的底盘改装而来,可选用8号或9号两种桥身。8号桥身为剪式桥,伸展后全长24.4米,宽4米,有效跨距23米,可在5分钟内架设完毕;而9号桥身则为单片水平伸展桥,由车体前方竖起后转180度架出,伸展后全长达13.4米,有效跨距12米,可在3分钟内架设完毕,并于5分钟内完成回收。

FV-4204 ARV 装甲回收车

FV-4204 ARV 装甲回收车由"酋长"主战坦克的底盘改装而来,战斗重量56吨,容纳4名乘员,车上装有1具牵引能力达30吨的主绞盘以及1具牵引能力达3吨的辅助绞盘,车头配备1具多用途液压推土/稳定铲。放下支撑地面后,主绞盘便能牵引90吨的物体。

AVRE 工兵车

AVRE 工兵车于20世纪90年代推出,英国陆军总共装备了46辆。AVRE 工兵车在原位置加装1块大型金属板,上有2根轨道,用来搭载3堆捆管式铝合金圆管束或至少5卷铝制铺轨,由1具牵引能力达10吨的液压绞盘进行收放;其中用铝合金填满壕沟,铺轨则可置于泥泞路面,让装甲部队得以顺利通过。

英国"蝎"式轻型坦克

"蝎"式（Scorpion）轻型坦克是英国20世纪60年代为陆军研制的，于1981年开始装备英国皇家海军陆战队和皇家空军。截至2021年，"蝎"式轻型坦克是英军使用最广泛的战车之一，拥有多种不同用途的变型车，并出口伊朗、尼日利亚和沙特阿拉伯等国。

1967年9月，英国阿尔维斯（Alvis）有限公司签署了生产17辆"蝎"式轻型坦克样车的合同。1969年10月，比利时订购了701辆"蝎"式坦克及变型车。1972年1月，第一批生产型车交付英国陆军，比利时的第一批订货则在1973年2月交付。1973年末，英国第14和第20轻骑兵团的"蝎"式轻型坦克在演习中首次露面。

"蝎"式轻型坦克的前置传动装置为脚操纵、带差速转向装置的7挡变速箱。履带为钢制但重量轻，而且带橡胶衬套和衬垫，在公路和越野行驶条件下寿命为5000千米。该坦克采用扭杆悬挂，在前后负重轮安装有液压杠杆式减震器。无线电设备安装在炮塔尾舱，车后部有三防装置。任选设备包括三防探测器、车辆导航仪和空调设备。

英国"蝎"式轻型坦克示意图

基本参数	
长度：4.79米	宽度：2.35米
高度：2.1米	重量：8.1吨
最大速度：79千米/小时	最大行程：644千米

英国基地中的"蝎"式轻型坦克

军事演习中的"蝎"式轻型坦克

「衍生型号」

FV102 "打击者"（Striler）反坦克导弹发射车

FV102 "打击者"反坦克导弹发射车的指挥塔右边安装 1 挺 7.62 毫米机枪，导弹射手有 1 个 1× 和 10× 的单筒瞄准镜，可左右旋转 55 度。装有 5 枚 "斯维费尔"反坦克导弹的发射箱在车顶后部，另有 5 枚在车内，导弹最小射程 150 ～ 300 米（取决于射手与车的距离），最大射程 4000 米。

FV106 "大力士"（Samson）抢救车

FV106 "大力士"抢救车于 1978 年进入英国陆军服役，车体与 "斯巴达人"装甲人员输送车相似。车内安装有重型绞盘，钢丝绳的最大收放速度约为 122 米 / 分，车后有 2 个手动驻锄和工作台等制式设备。装备 1 挺 7.62 毫米机枪，车体两侧各装 4 具向前的烟幕弹发射器。

FV103 "斯巴达人"（Spartan）装甲人员输送车

FV103 "斯巴达人"装甲人员输送车除了驾驶员、车长和无线电操作员 3 名乘员外，还可运载 4 名全副武装的步兵。该车的无线电操作员在车长右侧，有 3 个观察潜望镜和 1 个右开单扇舱盖。载员舱在后部，后面有 1 个车门，带有整体式观察窗，2 个顶盖向两侧开启。左侧有 2 个、右侧有 1 个潜望镜。如需要，可在车顶上安装 ZB298 地面监视雷达。

FV107 "弯刀"（Scimitar）侦察车

FV107 "弯刀"侦察车车体和炮塔与 "蝎"式轻型坦克相同，只不过是装备了 30 毫米火炮，而不是 76 毫米火炮。30 毫米火炮可迅速单发射击，也可 6 发连射，空弹壳自动弹出炮塔外。主炮左侧有 1 挺 7.62 毫米并列机枪，炮塔前部两侧各有 4 具烟幕弹发射器。

英国"挑战者"1主战坦克

"挑战者"1（Challenger 1）是英国皇家兵工厂研制的第三代主战坦克，于1983年开始装备部队，主要用于地面进攻和机动作战，现已被"挑战者"2主战坦克逐步取代。

20世纪70年代，英国国防部制订了MBT-80坦克计划以取代"酋长"主战坦克，但由于经费和技术问题搁浅。于是英国国防部在FV4030/3型（原为伊朗设计的主战坦克）的基础上，采用MBT-80计划已发展成熟的技术，推出FV4030/4型，并改称"挑战者"1。

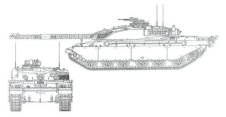

"挑战者1"主战坦克示意图

基本参数	
长度：11.56米	宽度：3.52米
高度：2.5米	重量：62吨
最大速度：56千米/小时	最大行程：400千米

【战地花絮】

英国坦克的设计理念是防护第一，"挑战者"1也不例外，其装甲是英国研制的查布罕式装甲，防护力非常出众。海湾战争中，"挑战者"1主战坦克首次用于实战。在恶劣的沙漠环境中，该型坦克的完备率较高，开战前为98%，战争结束时为95%。

"挑战者"1主战坦克采用帕金斯公司生产的"秃鹰"V-12型涡轮增压柴油机、TN37传动系统和马斯顿公司的冷却系统，发动机最大功率为882千瓦。除主发动机外，该坦克另有1台小功率柴油机和1台发电机工作，在主发动机不工作时，为各耗电装置供电。"挑战者"1车体每侧有6个铝合金负重轮、4个托带轮、1个前置诱导轮和1个后置主动轮。新型履带可以与"酋长"坦克的履带互换。

「衍生型号」

"挑战者"2（Challenger 2）主战坦克

虽然"挑战者"2是从"挑战者"1衍生而来的，但两者仅有5%的零件可以通用。"挑战者"2主战坦克的炮塔采用了第二代"乔巴姆"复合装甲，并安装有三防系统。在炮塔两侧各有一组五联装L8烟幕弹发射器，而且该坦克的发动机也可制造烟雾。

【战地花絮】

"挑战者"2主战坦克是英国第三种以"挑战者"命名的坦克，第一种是二战时期的"挑战者"巡航坦克，第二种是"挑战者"1主战坦克。

英国维克斯 MK7 主战坦克

维克斯 MK7（Vickers MK7）坦克是英国维克斯公司与德国"豹"2 主战坦克主承包商克劳斯·玛菲公司合作研制的一种出口型主战坦克，1986 年在英国陆军装备展览会上首次公开展出。

维克斯 MK7 主战坦克采用"乔巴姆"复合装甲，对尾翼稳定脱壳穿甲弹和破甲弹均有较好的防护效果。装甲表面涂有防红外涂层，使该坦克具有较好的被动防护性能。维克斯 MK7 的制式防护设备还有三防及通风装置、动力舱的固定式灭火系统以及由格莱维诺公司提供的乘员舱自动灭火抑爆系统。维克斯 MK7 主战坦克的主要武器是英国皇家兵工厂研制的 L11 式 120 毫米线膛坦克炮，但也可以换装法国地面武器工业集团的 120 毫米滑膛坦克炮或德国莱茵金属公司的 120 毫米滑膛坦克炮。

维克斯 MK7 主战坦克示意图

基本参数	
长度：7.72米	宽度：3.42米
高度：2.54米	重量：54.64吨
最大速度：72千米/小时	最大行程：210千米

展览中的维克斯 MK7 主战坦克

维克斯 MK7 主战坦克前侧方特写

美国 M2 轻型坦克

M2 轻型坦克是美国在太平洋战争初期使用的坦克,是美国根据英国维克斯 MK.E 轻型坦克研制的,虽然只有少数 M2 参加战斗,但却是二战期间美国轻型坦克发展路线的重要一步。

M2 轻型坦克示意图

基本参数

长度:	4.42米
宽度:	2.46米
高度:	2.64米
重量:	11.6吨
最大速度:	58千米/小时
最大行程:	320千米

【战地花絮】

西班牙内战之后,美国认识到自己的装甲部队需要更先进的坦克,于是将 M2 轻型坦克的双机枪塔换成了 1 个安装 37 毫米炮的炮塔,同时将装甲增强到 25 毫米,并改善了车体悬挂、动力传输和发动机冷却装置。

最早 M2 轻型坦克的主要武器是 1 挺安装在单人炮塔里的 12.7 毫米机枪。在 1935 年交付了 10 辆样车之后,美军认为单一的机枪威力和射击范围有限,于是决定改用双炮塔型,也就是独立的 2 个小机枪塔,各自安装 1 门 7.62 毫米机枪。

1941 年 12 月前,由于性能较差等方面的原因,M2 轻型坦克已经退出作战序列,成为训练坦克。即使这样,还是有几辆该型坦克参加了瓜达尔卡纳尔岛战役。直到 1943 年,美国海军陆战队一直使用这些坦克与日军进行岛屿争夺战。

博物馆中的 M2 轻型坦克

二战期间的 M2 轻型坦克

美国 M3 中型坦克

二战初期，美军非常缺乏可用的坦克，库存坦克主要有 M2 轻型坦克和 M2 中型坦克，两者均有些过时，不适合实战运用。为此，美军在 1940 年 7 月开始了新型中型坦克的研发工作，该坦克参考了技术成熟的 M2 中型坦克，使用部分与其类似或相同的结构和零部件。新坦克设计定型后，被命名为 M3 中型坦克。

M3 中型坦克示意图

基本参数
长度：5.64 米
宽度：2.72 米
高度：3.12 米
重量：27 吨
最大速度：42 千米/小时
最大行程：193 千米

第 2 章 重装集结——坦克

M3 中型坦克从 1941 年 8 月开始投产，一直持续到 1942 年 12 月结束。美国一共生产了 6258 辆 M3 中型坦克及其改进型号。其中，M3AI 中型坦克采用了美国机车车辆公司制造的铸造车体，鉴于强度要求，车体侧面没有开舱门。而 M3A2 型坦克采用了比铆接车体强度更高的焊接车体，还减轻了车重。M3 中型坦克的变型车较多，如 T1 扫雷车、T2 坦克抢救牵引车、T6 火炮运载车和 T16 重型牵引车等。

「衍生型号」

"白羊"（Ram）巡航坦克
"白羊"巡航坦克并没有如预期那样在战场服役，英军通常把它作训练用途，反而以它改装的前沿观察车及运兵车经常出现于欧战前线。

M7"牧师"（Priest）自行火炮
M7 自行火炮在 M3 中型坦克的基础上进行了多方位的修改，以和美军主力坦克 M4"谢尔曼"有着更多的共同性，例如行驶速度、防护装甲等。

M3 中型坦克正面特写

M31 装甲回收车
美军在 M3 中型坦克上安装了回收装置，形成了 M31 装甲回收车。该车上装有假炮塔和假 75 毫米炮，用于迷惑敌人。

河道防务灯（Canal Defence Light）
英军在 M3 中型坦克新炮塔上安装探照灯用作工兵车辆，为掩人耳目而起名为"河道防务灯"。

二战战地中的 M3 中型坦克

> 【战地花絮】
> M3 中型坦克在英国使用时，被称作"格兰特将军"式（简称"格兰特"式），源自美国内战时北军中的著名将领——尤利塞斯·S.格兰特。M3 坦克经过稍微改良，采用新式炮塔后，改称作"李将军"式（简称"李"式），源自美国内战时南军将军——罗伯特·李。

美国 M4 "谢尔曼" 中型坦克

M4 "谢尔曼"（Sherman）中型坦克于1940年8月开始研制，1941年9月定型并命名，是美国在二战时研制的中型坦克。尽管火力和防护力与同时期的德国坦克相比逊色不少，但在机动性和数量上占有较大优势。"谢尔曼"之名为英军所取，来源是美国南北战争中北军的将军威廉·特库赛·谢尔曼（William Tecumseh Sherman）。

二战期间，从大量的德军"虎"式、"豹"式坦克被M4"谢尔曼"中型坦克从侧翼击毁可以看出，"谢尔曼"的机动能力是相当不错的。"谢尔曼"的500马力汽油发动机是二战中最优秀的坦克引擎之一，使它具有48千米/小时的最高公路速度，有助于机动作战。"谢尔曼"的动力系统坚固耐用，只要定期进行最基本的野战维护即可，无须返厂大修。该坦克性能可靠，故障极少，出勤率大大高过德军坦克。"谢尔曼"的缺点在于汽油发动机非常容易起火爆炸，这个弊病使它获得了"朗森打火机"的绰号，因为这个打火机的广告词是"一打就着，每打必着"。

M4"谢尔曼"中型坦克示意图

【战地花絮】
美军第3装甲师在诺曼底战役中共有648辆"谢尔曼"被击毁报废，另有700辆被击伤（修复以后重上战场），战损率高达58%。

基本参数

长度：5.84米	宽度：2.62米
高度：2.74米	重量：30.3吨
最大速度：48千米/小时	最大行程：193千米

第 2 章 重装集结——坦克 033

M4"谢尔曼"中型坦克参加二战胜利纪念活动

「衍生型号」

"超级谢尔曼"（Super Sherman）坦克

1950 年，以色列以 M4"谢尔曼"中型坦克为基础的改装型，装上了长身管型 105 毫米坦克炮。

"灰熊"Ⅰ（Grizzly Ⅰ）巡航坦克

"灰熊"Ⅰ巡航坦克在旋转炮塔上安装了 1 门 75 毫米 M3 L/40 坦克炮，同时安装了 1 挺勃朗宁 12.7 毫米机枪用于防空，以对付轻装甲和反步兵。

【战地花絮】

诺曼底登陆战役中，盟军改装了一系列两栖坦克，主要是以当时服役的"丘吉尔"步兵坦克及 M4"谢尔曼"中型坦克为基础。这是由于两款坦克不仅数量大，而且各有特色，"丘吉尔"具有良好的越野及防御能力，而 M4"谢尔曼"拥有极佳的机动性和可靠性。

以 M4"谢尔曼"中型坦克为基础改造的两栖坦克

M10"狼獾"（Wolverine）自行火炮

M10 自行火炮使用了 M4"谢尔曼"中型坦克的底盘，再配上开放式炮塔及 1 支勃朗宁 M2 重机枪，以加强支援步兵攻击的效果。此外，它的主炮为 M1918 火炮，比起同期 M4"谢尔曼"中型坦克的 75 毫米主炮更具打击威力。

美国 M22 "蝗虫" 空降坦克

M22 是美国于 20 世纪 40 年代研制的空降坦克。英国根据《租借法案》接收了 260 辆 M22，命名为"蝗虫"（Locust），并投入了横跨莱茵河的空降作战。

由于美国陆军航空队和英国方面严格要求将坦克重量控制在 10 吨以内（这一重量是英国陆军部认为的滑翔机的最大载重），因此 M22 "蝗虫"空降坦克原型所安装的射击稳定器、炮塔旋转动力装置、双航向机枪都被拆除。同时，坦克也应用了很多新式组件，如 M6 型炮塔潜望镜、车长和炮手的独立舱门，改善了前部车体的防弹外形，并在悬挂装置处加装了加固横梁。该坦克的主要武器包括 1 门 M6 型 37 毫米炮和 1 挺 7.62 毫米同轴机枪，车前安装 2 挺 7.62 毫米航向机枪，标准乘员 3 人。

博物馆中的 M22 "蝗虫"空降坦克

二战战地中的 M22 "蝗虫"空降坦克

M22 "蝗虫"空降坦克示意图

基本参数

长度：3.94米	宽度：2.16米
高度：1.85米	重量：7.4吨
最大速度：64千米/小时	最大行程：217千米

【战地花絮】

英军为 M22 安装了烟雾发射装置，并在 37 毫米炮上试制安装了小约翰锥膛增压装置，使用钨芯穿甲弹，利用炮膛从 37 毫米至 30.3 毫米的管径变化，炮弹的炮口初速可以达到 1200 米/秒，为此缩短了 M6 型 37 毫米炮的炮管。

美国 M24"霞飞"轻型坦克

M24"霞飞"（Chaffee）是美国在二战中期开始使用的一种轻型坦克，可说是二战时期整体性能最好的轻型坦克。另一方面，也因为大部分参战国都在着手开发更好的中型坦克与重型坦克，而让轻型坦克出现生产断层，这使得 M24"霞飞"轻型坦克的竞争对手减少。

M24"霞飞"轻型坦克示意图

基本参数	
长度：5.56米	宽度：3米
高度：2.77米	重量：18.4吨
最大速度：56千米/小时	最大行程：160千米

M24 作为轻型坦克，其装甲较为薄弱，车身装甲厚 13～25 毫米，炮塔厚 13～38 毫米。德国坦克和反坦克武器可以较轻松地将其摧毁，甚至单兵反坦克武器也可将其击穿。

M24 轻型坦克采用 2 台凯迪拉克 44T24 V8 水冷 4 冲程汽油发动机，输出功率为 164 千瓦。采用液力机械式传动装置和独立扭杆式悬挂装置，最大行驶速度 56 千米/小时，最大行程 160 千米。

「衍生型号」

T24E1 轻型坦克

T24E1 轻型坦克是以 M24 "霞飞" 轻型坦克为原型，改用 Continental R-975-C4 引擎及 Spicer 变速箱，性能比 M24 更好，但变速箱却出现可靠性问题。

M19 防空炮

M19 防空炮将 M24 "霞飞" 轻型坦克的引擎移至车体中部，在车体后部换装 1 门双联装 M2 40 毫米机炮炮塔（备弹 336 发）。美军在 1944 年 8 月订购了 904 架，但只有 285 架投入战场。

M37 105 毫米榴弹炮

M37 105 毫米榴弹炮主要用于取代 M7 "牧师" 自行火炮，换装 M4 105 毫米榴弹炮（备弹 126 发）。美军订购了 448 架，316 架投入战场。

T77 防空炮

T77 防空炮在新型机枪塔上装有 6 门勃朗宁 M2 12.7 毫米重机枪，用于防空任务。

美国 M26"潘兴"重型坦克

M26 是美国于二战末期研制的一款重型坦克,主要用于对付德军的"虎"式重型坦克,以美国名将"铁锤将军"约翰·潘兴(John Pershing)将军命名。

M26"潘兴"重型坦克示意图

基本参数

长度:8.65米	宽度:3.51米
高度:2.78米	重量:41.9吨
最大速度:40千米/小时	最大行程:161千米

【战地花絮】

太平洋战场方面,M26"潘兴"重型坦克于 1945 年 4 月才在冲绳战役抛头露面。战斗中,M26"潘兴"的性能优势相当显著,日军一些反坦克炮的攻击如同"挠痒痒",可以说日军前线单位几乎不存在任何击溃该坦克的手段。

M26"潘兴"重型坦克装备的 90 毫米 M3 坦克炮穿透力极强,能在 1000 米处穿透 147 毫米厚的装甲,虽然比起德军"虎王"坦克和苏军 IS 系列坦克等重型坦克仍有一定差距,但已足够击穿当时大多数坦克的装甲。该炮可使用曳光被帽穿甲弹、曳光高速穿甲弹、曳光穿甲弹和曳光榴弹,弹药基数为 70 发。火炮的方向射界为 360 度,炮塔旋转 360 度需 17 秒,高低射界为 –10 度 ~ +20 度。该坦克的辅助武器是 1 挺 12.7 毫米高射机枪和 2 挺 7.62 毫米机枪,弹药基数分别为 550 发和 5000 发。

二战战地中的 M26"潘兴"重型坦克

M26"潘兴"重型坦克正面

M26"潘兴"重型坦克侧面

美国 M46 "巴顿" 主战坦克

M46 "巴顿"（M46 Patton）是二战后美国研制的第一种主战坦克，也是第一代"巴顿"系列的坦克。从某种角度来说，M46 "巴顿"主战坦克是 M26 "潘兴"重型坦克的"翻新机"，主要升级了动力系统，并安装了有排烟器的主炮。美军一共翻新了 1160 辆 M26，其中 800 辆翻新为 M46，另外 360 辆则翻新为 M46A1。

M46 "巴顿"主战坦克和 M26 "潘兴"重型坦克的主要区别是火炮、发动机和传动装置不同。其火炮是 1 门 M3A1 型 90 毫米加农炮，带有引射排烟装置，但取消了火炮稳定器。发动机为"大陆"AV-1790-5 型 V 形 12 缸风冷汽油机，在转速 2600 转/分时功率为 595 千瓦。由于该发动机两排汽缸的夹角为 90 度，因而高度降低，给风扇提供了安装位置，进而保障了冷却的可靠性。此外，发动机还采用了两套独立的点火与供给系统，保证了发动机的可靠性。

M46 "巴顿"主战坦克正面

战地中的美国 M46 "巴顿"主战坦克战斗群

M46 "巴顿"主战坦克

M46 "巴顿"主战坦克示意图

基本参数

长度：8.48米	宽度：3.51米
高度：3.18米	重量：48.5吨
最大速度：48千米/小时	最大行程：130千米

【战地花絮】

除了美军之外，少量的 M46 "巴顿"主战坦克也被租借给部分欧洲国家作为训练之用，这些国家包括比利时、法国与意大利，它们除了被用来训练战车乘员之外，也被用作训练维修人员。

美国 M47 "巴顿" 主战坦克

M47 "巴顿"（M47 Patton）是美国的第二代 "巴顿" 系列坦克，主要是为了与苏制 T-34/85 中型坦克和 IS-2 重型坦克等抗衡。该坦克炮塔可 360 度旋转，火炮俯仰范围是 -5 度 ~ +19 度，有效反坦克射程是 2000 米，能发射如穿甲弹、榴弹、教练弹和烟幕弹等多种炮弹，炮管寿命是 700 发。

M47 "巴顿" 主战坦克示意图

基本参数	
长度：8.51米	宽度：3.51米
高度：3.35米	重量：44.1吨
最大速度：60千米/小时	最大行程：160千米

M47 "巴顿" 主战坦克是传统的炮塔型坦克，由车体和炮塔两部分组成。车体由装甲钢板和铸造装甲部件焊接而成，并带有加强筋，前部是驾驶舱，中部是战斗舱，后部是动力舱（发动机和传动装置）。驾驶员位于坦克左前方，其舱口盖上装有 1 个 M13 潜望镜，机枪手在驾驶员右侧，两人共用 1 个安全门和 1 个出入舱口。铸造炮塔位于车体中央，车长和炮长位于炮塔内火炮右侧，装填手在左侧，炮塔内后顶部装有带圆顶罩的通气风扇，装填手舱盖前部装有 1 个 M13 潜望镜。部分 M47 坦克装有 M6 推土铲。

博物馆中的 M47 "巴顿" 主战坦克

在索马里内战中被击毁的 M47 "巴顿" 主战坦克

【战地花絮】

虽然 M47 "巴顿" 主战坦克和二战时德军 "虎" 式重型坦克的外表相差很远，但 1965 年上映的二战电影《坦克大决战》却采用 M47 充当 "虎" 式。

美国 M48 "巴顿" 主战坦克

M48 "巴顿"（M48 Patton）是美国陆军的第三代 "巴顿" 系列坦克，有一定的涉水能力，无需准备即可涉水 1.2 米深，装上潜渡装置潜深达 4.5 米。潜渡前所有开口均要密封，潜渡时需要打开排水泵。

M48 坦克的主要武器都是 1 门 M41 式 90 毫米坦克炮，俯仰范围为 –9 度 ~ +19 度，炮管前端有一圆筒形抽气装置，炮口有导流反射式制退器，炮闩为立楔式，有电击式击发机构，炮管寿命为 700 发。M48A3 坦克装有炮弹 62 发，其中驾驶员左侧 19 发，右侧 11 发，炮塔底板水平放置 8 发，炮塔座圈周围竖立 16 发，炮塔内另有 8 发待用弹。主炮左侧安装 1 挺 7.62 毫米 M73 式并列机枪，车长指挥塔上安装 1 挺 12.7 毫米 M2 式高射机枪，其俯仰范围为 –10 度 ~ +60 度，且能在指挥塔内瞄准射击。

基本参数	
长度：9.3米	宽度：3.65米
高度：3.1米	重量：45吨
最大速度：48千米/小时	最大行程：499千米

M48 "巴顿" 主战坦克示意图

M48 "巴顿" 主战坦克侧前方视角

「衍生型号」

M48A1 主战坦克
在 M48"巴顿"主战坦克的基础上采用新的驾驶舱设计,并安装了可在炮塔内操作 M2 重机枪的 M1 车长枪塔。

M48A2 主战坦克
对 M48A1 进行动力包与传动系统改进后的版本。另外也强化了炮塔的控制能力。

M48A2C 主战坦克
更换成 M17 测距仪,对弹道控制进行强化后的版本,同时移除了可变张力陆轮。

M67"芝宝"(Zippo)喷火坦克
由 M48"巴顿"主战坦克改造,将炮塔更换为火焰喷气器,有 A1 与 A2 型,分别是从 M48A1 与 M48A2 改造而成。

美国 M60 "巴顿" 主战坦克

M60 "巴顿"（M60 Patton）是美国陆军第四代也是最后一代 "巴顿" 系列坦克，一直服役到20世纪90年代初才从美国退役，目前仍有大量 M60 在其他国家服役。

20世纪50年代末，为对抗苏联 T-54 中型坦克，美国于1956年开始以 M48A2 坦克为基础研制新一代坦克，代号为 XM60。XM60 原型车在尤马试验场、丘吉尔堡、诺克斯堡和埃尔金空军基地进行全面测试后，于1959年3月正式定型为 M60 "巴顿" 主战坦克。

「衍生型号」

M60 "豹"（Panther）遥控除雷车
将 M60 "巴顿" 主战坦克的炮塔去掉，在底盘上加上一个标准扫雷车系统，车前1.8米处装上10吨重的扫雷钢滚，主要用来清扫反坦克地雷。

M9 推土铲
推土和刮土作业是通过液气悬挂装置使车辆的头部抬起或降落实现的，该悬挂装置还能使车辆倾斜到用铲刀的一角进行作业，推土作业能力几乎是一般斗式刮土机的2倍。

M728 CEV 工兵车
M728 CEV 工兵车在炮塔前方装有 A 型吊架和绞盘，以及1门英国皇家兵工厂生产的 L9A1 165毫米爆破炮（美军制号 M135）。

"萨布拉" Mk-1/Mk-2 战坦克
进入21世纪后，美国/以色列对 M60 "巴顿" 主战坦克进行了大刀阔斧式的改装升级，同时更名为 "萨布拉" Mk-1 主战坦克，它装备 IMI 公司（Israel Military Industries）120毫米主炮、艾尔比特系统公司（Elbit Systems）的 "骑士" 火控系统和自动灭火、抑爆系统、烟雾弹发射器。"萨布拉" Mk-2 是 "萨布拉" Mk-1 的升级版，在土耳其被称为 M60T。

M60"巴顿"主战坦克示意图

基本参数	
长度：6.95米	宽度：3.63米
高度：3.21米	重量：46吨
最大速度：48千米/小时	最大行程：480千米

M60"巴顿"主战坦克采用1门105毫米线膛炮，该炮采用液压操纵，并配有炮管抽气装置，最大射速可达6～8发/分，可使用脱壳穿甲弹、榴弹、破甲弹、碎甲弹和发烟弹在内的多种弹药，全车载弹63发。辅助武器为1挺12.7毫米防空机枪和1挺7.62毫米并列机枪，分别备弹900发和5950发。此外，在该坦克炮塔的两侧还各安装有一组六联装烟幕弹/榴弹发射器。

在美国陆军服役的M60"巴顿"主战坦克

在埃及陆军服役的M60"巴顿"主战坦克

美国 M551"谢里登"空降坦克

M551"谢里登"(Sheridan)是美军专为空降部队研发的一种坦克,曾参与过越南战争、海湾战争等。

20世纪60年代,苏联大力发展装甲武器,其中就包括空降部队使用的,例如BMD-1伞兵战车等。为了能与苏联相抗衡,美国也为本国空降部队研制新型装甲武器。M551"谢里登"空降坦克就是在此背景下诞生的。

基本参数
长度:6.3米
宽度:2.8米
高度:2.3米
重量:15.2吨
最大速度:70千米/小时
最大行程:560千米

从C-130"大力神"运输机下机的M551"谢里登"空降坦克

【战地花絮】

C-130"大力神"(Hercules)运输机是由美国洛克希德·马丁公司(Lockheed Martin,由原洛克希德公司和马丁·玛丽埃塔公司合并而成)所研发生产的,最初被设计用来输送武装力量、医疗救援、货物转运,后来演化出各种用途,包括空中打击、搜索救援。

M551"谢里登"空降坦克示意图

M551"谢里登"空降坦克的动力为通用汽车公司的6V-53T二冲程柴油发动机,车身两侧看似垂直,但其实是一层垂直的强化塑胶。其主炮为152毫米M81,此炮能发射多用途强压弹HESH、榴弹、黄磷发烟弹和曳光弹,还能发射MGM-51A橡树棍式反坦克导弹,辅助武器是M73同轴机枪和M2重机枪。M551其中一个重要设计是可以用C-130"大力神"运输机空运和空投。

M551"谢里登"空降坦克侧面

军备展览会上的M551"谢里登"空降坦克

美国 M1"艾布拉姆斯"主战坦克

M1"艾布拉姆斯"(Abrams)是由美国克莱斯勒汽车公司防务部门(Chrysler Defense Division)研制的主战坦克,自1980年以来一直是美国陆军和海军陆战队主要的主战坦克,名字取自美国第37装甲团前任指挥官克雷顿·艾布拉姆斯(Creighton Abrams)陆军上将。

M1"艾布拉姆斯"主战坦克的车体和炮塔都使用了性能优越的钢装甲包裹贫铀装甲的复合式装甲,可有效对付反坦克武器。此外,该坦克还安装了集体式三防系统,具备在核生化环境中作战的能力。在海湾战争中,M1"艾布拉姆斯"主战坦克可在对方目视范围内与伊拉克坦克交火,即便被伊拉克坦克击中也不容易被摧毁,甚至没有一辆美军坦克被伊拉克坦克的正面火力击穿。

M1"艾布拉姆斯"主战坦克示意图

基本参数

长度:9.78米	宽度:3.66米
高度:2.44米	重量:65吨
最大速度:67千米/小时	最大行程:426千米

M1"艾布拉姆斯"主战坦克主炮特写

【战地花絮】

在1991年海湾战争后,部分自战场归来的官兵罹患"海湾战争综合征"(巴尔干综合征),而贫铀弹被怀疑是导致发病的物质,但美国政府认为两者没有关系。

「衍生型号」

M1A1
M1A1 在 M1 炮塔基础上焊接了 80 毫米的钢板，另外改装了夹层材质，防穿甲弹达到 400 毫米以上。之后，M1A1 改装贫铀合金与新的陶瓷夹层后，其防护能力突飞猛进，达到三代坦克的领先水平。

M1A2
M1A2 配备车长独立热像仪与车间资讯系统以及其他高科技电子设备。

M1A2 TUSK
TUSK 全文为：Tank Urban Survival Kit，意为：城市生存套件。为了对抗单兵携带式反坦克武器，因此在 M1A2 装备比较脆弱的部分加强防御，例如，在侧裙加上爆炸反应装甲及在车体后部加上栅栏。

M1"艾布拉姆斯"主战坦克的初期型号使用的是 105 毫米口径线膛炮，但从 M1A1 开始，改用了德国莱茵金属公司的 120 毫米滑膛炮，即 M256 主炮。该炮可发射多种弹药，包括 M829A2 尾翼稳定贫铀合金脱壳穿甲弹和 M830 破甲弹。M829A2 穿甲弹在 1000 米距离上可穿透 780 毫米装甲，3000 米距离上的穿甲厚度约为 750 毫米。

行驶中的 M1"艾布拉姆斯"主战坦克

美国 M41"沃克猛犬"轻型坦克

M41"沃克猛犬"(Walker Bulldog)是美国在二战后不久研制的轻型坦克,于1953年列入美军装备。其名源于在朝鲜战争期间因意外身亡的美国名将沃尔顿·哈里斯·沃克(Walton Harris Walker)。

M41"沃克猛犬"轻型坦克示意图

基本参数
长度:5.82米
宽度:3.2米
高度:2.71米
重量:23.5吨
最大速度:72千米/小时
最大行程:161千米

M41"沃克猛犬"的车体由钢板焊接而成,前上甲板倾角60度、厚25.4毫米,火炮防盾厚38毫米,炮塔正前面厚25.4毫米。该坦克装有76毫米M32火炮,该炮采用立式滑动炮闩、液压同心式反后坐装置、惯性撞击射击机构,可发射榴弹、破甲弹、穿甲弹、榴霰弹、黄磷发烟弹等多种弹药,弹药基数57发。火炮左侧有1挺7.62毫米M1919A4E1并列机枪,炮塔顶的机枪架上还装有1挺12.7毫米M2HB高射机枪,其俯仰范围为-10度~+65度。

【战地花絮】

由于内部空间窄,所以M41"沃克猛犬"轻型坦克并不太受美国士兵欢迎,但其他国家的士兵却对该坦克感到十分满意。再加上构造简单、机械可靠与操作容易,使M41"沃克猛犬"成为极为"顺手"的作战武器。

野外行进中的M41"沃克猛犬"轻型坦克

博物馆中的M41"沃克猛犬"轻型坦克

苏联 T-10 重型坦克

T-10 是苏联于冷战时期研制的一款重型坦克，被部署在隶属苏联陆军的独立坦克团以及隶属在师级部队里的独立坦克营。该坦克最开始命名为 JS-8，取自于约瑟夫·斯大林（Joseph Stalin）姓名的缩写，但在 1953 年斯大林去世后被改名为 T-10。

T-10 重型坦克的主要作用是为 T-54/55 主战坦克提供远距火力支援和充当阵地突破战车。T-10 的总体布局为传统式，从前到后依次为驾驶室、战斗室和动力室。车体侧面布置有工具箱和乘员物品箱，带有 2 条钢缆绳，没有侧裙板，车尾上装甲板用铰链连接在下装甲板上，检修更换传动系统时可将其放下。

T-10 重型坦克示意图

基本参数	
长度：	9.87 米
宽度：	3.56 米
高度：	2.43 米
重量：	52 吨
最大速度：	42 千米/小时
最大行程：	250 千米

【战地花絮】

1967 年，苏联开始从前线撤下重型坦克，到了 1993 年则完全将其除役，许多坦克底盘被用于制造导弹发射载具。

博物馆中的 T-10 重型坦克

T-10 重型坦克背面

苏联 IS-2 重型坦克

IS-2 重型坦克是苏联 IS 系列坦克中最著名的型号，和 T-34/85 中型坦克构成了二战后期苏联坦克的中坚力量，在苏联卫国战争中立下了汗马功劳。

IS-2 重型坦克的 122 毫米主炮装有双气室炮口制退器，采用立楔式炮闩、液压式驻退机和液气复进机。火炮方向射界为 360 度，高低射界为 -3 度 ~ +20 度。该炮可发射曳光穿甲弹，弹丸重 25 千克，初速 781 米 / 秒。根据战后美国人的测试，在 100 米距离上穿甲厚度为 201 毫米，在 500 米距离上可以击穿 183 毫米厚的装甲。杀伤爆破榴弹的弹丸重 24.94 千克，它也可发射杀伤爆破榴弹，该弹的弹丸重 24.94 千克，最大射程 14600 米。该坦克的辅助武器为 4 挺机枪：1 挺并列机枪，1 挺安装在车首的航向机枪，1 挺安装在炮塔后部的机枪，1 挺安装在车长指挥塔上的 DShK 机枪。

IS-2 重型坦克示意图

基本参数

长度：9.9米	宽度：3.09米
高度：2.73米	重量：45.8吨
最大速度：37千米/小时	最大行程：240千米

IS-2 重型坦克侧面

【战地花絮】

IS-2 重型坦克的重量和德国"豹"式中型坦克（44 吨）是一个级别，但是整体性能却和更重的"虎"式相当，火力更凌驾于"虎"式之上。为了对付苏军这种重型坦克，德国于 1944 年又研制出火力更猛，装甲防护力更强也更难以维护的"虎王"重型坦克。

苏联士兵与 IS-2 重型坦克

IS-2 重型坦克正面

苏联 T-34 中型坦克

T-34 是苏联于 1940~1958 年生产的中型坦克，是二战期间苏联最好的坦克之一。不仅苏联，其他国家也曾经生产甚至独立研发出自己的 T-34 的衍生型号。直至今天，T-34 坦克仍然在一些第三世界国家中服役。

T-34 中型坦克的车身装甲厚度都是 45 毫米，和德国的三号、四号坦克相当，但正面装甲有 32 度的斜角，侧面也有 49 度的斜角。炮塔是铸造而成的六角形，正面装甲厚度 60 毫米，侧面也是 45 毫米，车身的斜角一直延伸到炮塔，因此，T-34 从正面看几乎是一个直角三角形。该坦克 45 毫米厚、32 度斜角的正面装甲，防护能力相当于 90 毫米的正面装甲，而 49 度斜角的侧面装甲也相当于 54 毫米的正面装甲。这样的正面装甲，直接导致 1941 年德国坦克装备的任何火炮在 500 米距离处都无法穿透。

T-34 中型坦克示意图

基本参数	
长度：6.75米	宽度：3米
高度：2.45米	重量：30.9吨
最大速度：55千米/小时	最大行程：468千米

【战地花絮】

T-34 中型坦克有 T-34/76、T-34/57、T-34/85 和 T-34/100 等改良型号。其中，T-34/85 是为了应对德国"虎"式坦克而研制的改进型号。当时苏军没有能在正常作战距离上对"虎"式构成正面威胁的坦克，因此，作为主力坦克的 T-34 的改装计划立即提上日程。由于加大了炮塔，德军常把 T-34/85 称为"大脑袋 T-34"。

T-34/85 中型坦克

二战中遗留下来的 T-34 中型坦克

二战战地中的 T-34 中型坦克

T-34 中型坦克特写

苏联 T-35 重型坦克

T-35 是苏联于二战期间以英国 A1E1"独立者"多炮塔坦克为基础所设计的一款重型坦克,是世界上唯一有量产的 5 炮塔重型坦克,也是当时世界上最大的坦克之一。

T-35 重型坦克的机动力低下和不可靠在实战中被充分体现出来。所有 T-35 重型坦克都在德国入侵苏联的巴巴罗萨行动初期被击毁或者俘获,然而大部分损失的 T-35 并非是被德军击毁,而是因为机械故障。虽然从外观上看来 T-35 的体形巨大,但内部极为狭窄且多隔间。

T-35 重型坦克示意图

基本参数

长度:9.72米	宽度:3.2米
高度:3.43米	重量:45吨
最大速度:30千米/小时	最大行程:150千米

T-35 重型坦克正面

被摧毁的 T-35 重型坦克

伪装后的 T-35 重型坦克

苏联 T-54/55 主战坦克

T-54/55 是有史以来产量最大的主战坦克，几乎参加了 20 世纪后半叶的所有武装冲突。直到今天，仍有 50 多个国家在使用 T-54/55 及其种类繁杂的改型。值得注意的是，T-54 与 T-55 在外形上极为相似，难以辨认，很多 T-55 就是由 T-54 改装而来的。之所以这两种坦克常被称为"T-54/55"就是因为这种你中有我、我中有你的复杂状况。

T-54/55 主战坦克的机械结构简单可靠，与西方坦克相比，更易操作，对乘员操作水平的要求也更低。它是一种相对较小的主战坦克，也就意味着在战场上暴露给敌军的目标也更小。这一坦克重量较轻、履带宽大、低温条件下启动性能好，而且还可以潜渡，这使得其机动性上佳。该类坦克虽然与现代主战坦克相比十分老旧脆弱，但是如果加以改造，仍然可以显著提升战斗力和生存能力。

【战地花絮】

1967 年，在"六日战争"（第三次中东战争）中，T-54/55 曾与美制 M48、英制"百夫长"，以及改装过的 M4 坦克交战过。相比这些坦克，虽然 T-54/55 在防御上略占上风，但由于以色列有空中优势，所以其在战斗中没能占得多少便宜。

T-54/55 主战坦克示意图

基本参数	
长度：6.45米	宽度：3.37米
高度：2.4米	重量：39.7吨
最大速度：55千米/小时	最大行程：600千米

博物馆中的 T-54/55 主战坦克

早期的 T-54/55 主战坦克战斗编队

战地休整中的 T-54/55 主战坦克

战斗中的 T-54/55 主战坦克

苏联/俄罗斯 T-62 主战坦克

T-62 是苏联继 T-54/55 后于 20 世纪 50 年代末发展的新型主战坦克，于 1962 年定型，1964 年批量生产并装备部队，1965 年 5 月首次出现在红场阅兵行列中，其 115 毫米滑膛炮是世界上第一种实用的滑膛坦克炮。

T-62 主战坦克示意图

「衍生型号」

T-62A
T-62A 采用 100 毫米口径 U-8TS 线膛炮，只生产了 5 辆。

T-62M
T-62M 经过大幅现代化升级，其炮塔附加的眉毛装甲为其外观特征。

T-62MB
以爆炸反应装甲代替附加装甲。

T-62D
T-62D 以主动式坦克防卫系统取代附加装甲，其射控系统和 T-62M 相同，但不能使用炮射导弹。

基本参数
长度：9.34米
宽度：3.3米
高度：2.4米
重量：37吨
最大速度：50千米/小时
最大行程：450千米

T-62 主战坦克的车体装甲厚度与 T-54/55 基本相同，但为了减轻车重，车体顶后、底中和尾下等部位的装甲厚度有所减薄，同时采取特殊的冲压筋或加强筋等措施提高刚度。炮塔为整体铸造结构，流线型较好，防护力较 T-54/55 略有增加。动力舱和战斗舱都装有集中的溴化乙烯灭火装置，可以由安装在上述两舱中的 8 个热传感器自动促动灭火，也可以由车长或驾驶员手动操作。该坦克装有集体式防原子装置，但未装集体式防化学装置。与其他苏式坦克一样，T-62 主战坦克也装有热烟幕施放装置，能产生 250～400 米长的烟幕，可持续大约 4 分钟。

行驶中的 T-62 主战坦克

T-62 主战坦克残骸

博物馆中的 T-62 主战坦克

苏联 / 俄罗斯 T-64 主战坦克

20世纪50年代末,在T-62主战坦克还没量产的时候,苏联就已经开始预研下一代坦克了。这就是T-64主战坦克。T-64是苏联标准下第一款第三代的主战坦克,仅在苏联及解体后的多个独联体国家中服役。

T-64主战坦克最为突出的技术革新就是装备1门使用分体炮弹和自动供弹的115毫米滑膛炮(型号2A21/D-68,后升级为125毫米2A26M式),让其不再需要专职供弹手(副炮手),使乘员从4名减少到3名,有利于减少坦克体积和重量。T-64主战坦克车体前部采用了复合装甲结构,并列机枪射孔附近的炮塔壁厚约为400毫米,主炮两侧的间隙装甲中填有填料,顶装甲板厚度约为40~80毫米不等,炮塔侧面装甲厚120毫米,后部装甲厚90毫米。此外,在车体前下甲板装有推土铲,乘员舱内壁装有含铅防中子辐射的衬层,车体侧面装有张开式侧裙板。

T-64 主战坦克示意图

基本参数
长度:9.23米
宽度:3.42米
高度:2.17米
重量:38吨
最大速度:60.5千米/小时
最大行程:700千米

越野测试中的 T-64 主战坦克

T-64 主战坦克侧面

「衍生型号」

BREM-64 装甲回收车

配备1台2.5吨轻型起重机、推土铲、牵引杆、焊接设备等,只建造了少量此型号车辆。

BMPV-64 步兵战车

第一辆原型车在2005年完成,外壳经过重新设计(相比T-64主战坦克),配备1门30毫米遥控机炮,战斗重量为34.5吨。

UMBP-64 特种车辆平台

可以在其基础上改装为消防坦克、救护车、自行防空炮等。

苏联/俄罗斯 T-72 主战坦克

T-72 主战坦克是苏联在 1967 年开始研制的主战坦克。1977 年 11 月 7 日在十月革命胜利 60 周年的红场阅兵式上首次亮相，除了大量装备苏军以外，还出口 20 多个国家。

T-72 主战坦克示意图

基本参数	
长度：6.9米	宽度：3.36米
高度：2.9米	重量：44.5吨
最大速度：80千米/小时	最大行程：450千米

T-72 主战坦克的重点部位采用了复合装甲，最厚处达 200 毫米，装甲板中间为类似玻璃纤维的材料，外面为均质钢板。该坦克还使用反应装甲，不过初期的苏联反应装甲虽能大幅提升坦克对成形弹头武器的防护能力，但是反应装甲的外层却容易被小口径武器贯穿从而引爆。T-72 坦克的驾驶舱壁和战斗舱壁装有含铅的内衬，具备防护辐射和快中子流的能力。另外，该坦克也安装有集体式三防装置和自动灭火装置等设备。

【战地花絮】

由于 T-64 主战坦克采用了大量的先进技术，所以制造成本极高，在 20 世纪 70 年代的单位造价就达到了 300 万美元。这种昂贵的坦克苏联是无法大量装备的，于是便着手研发另一种性能相近但造价低廉的主战坦克，以便大量装备苏联军队和外销华约国家。这也是研制 T-72 主战坦克主要原因之一。

战斗中的 T-72 主战坦克

急速行驶中的 T-72 主战坦克

一辆被摧毁的 T-72 主战坦克

苏联/俄罗斯 T-80 主战坦克

T-80 是苏联研制的主战坦克,由 T-64 发展而来,自 1976 年服役至今,外号 "飞行坦克"。这是历史上第一款量产的全燃汽涡轮动力主战坦克。该坦克的火控系统比 T-64 有所改进,主要是装有激光测距仪和弹道计算机等先进的火控部件。

【战地花絮】

正如其他冷战时期的坦克一样,T-80 主战坦克原本是为在欧洲大陆展开大规模常规战争而研发,但至今也没有达到过这个研发目的。相反,它活跃于苏联解体后各种政治、经济剧变引发的军事冲突。

T-80 主战坦克示意图

基本参数	
长度:9.72米	宽度:3.56米
高度:2.74米	重量:46吨
最大速度:65千米/小时	最大行程:580千米

「衍生型号」

T-80 主战坦克的车体正面采用复合装甲,前上装甲板由多层组成,其中外层为钢板,中间层为玻璃纤维和钢板,内衬层为非金属材料,不计内衬层的总厚度为 200 毫米,与水平面成 22 度夹角。车体前下装甲分 3 层,总厚度为 80 毫米的 2 层钢板和 1 层内衬层。除此之外,在前下装甲板外面还装有 20 毫米厚的推土铲。前下装甲板与水平面的夹角为 30 度,包括推土铲在内的钢装甲厚度达到 100 毫米。

越野测试中的 T-80 主战坦克

T-80UM2 "黑鹰" 主战坦克

由俄罗斯以 T-80 为基础研发的新一代主战坦克,曾在多个武器交易会展出。由于 T-80 在车臣战争中的糟糕表现,导致俄军宣布停止研发生产燃汽轮机坦克,"黑鹰" 主战坦克项目因此受到牵连而下马。

苏联/俄罗斯 T-80UM2 "黑鹰" 主战坦克

T-80UM2 "黑鹰" (Black eagle) 坦克是苏联于20世纪80年代展开研发的一款主战坦克，在21世纪前，一直处于保密状态，时至今日才陆续有一些相关资料出现。该坦克的研发计划已于2001年取消。

相比俄罗斯前几代主战坦克而言，T-80UM2 "黑鹰"采用了更好的防护技术。首先在外形上，高度降低到2米以下，在战场上更难被发现。其次，炮塔一改T系列的圆形铸造炮塔，采用类似西方带尾舱的焊接炮塔。炮塔前装甲倾斜71度，大大提高了来袭弹药跳弹的概率。为防止二次爆炸效应，该坦克还采用了西方坦克的防护思想，在弹仓与乘员之间用高强度的阻燃抗拉复合材料装甲板隔开；弹仓顶部装有可掀掉的装甲板条，炮弹爆炸产生的冲击波将掀掉板条向外排出，而不会进入乘员室。这样既不会伤及乘员，对车辆本身的伤害也减到最小。

T-80UM2 "黑鹰" 坦克示意图

基本参数	
长度：6.86米	宽度：3.58米
高度：3.59米	重量：48吨
最大速度：70千米/小时	最大行程：570千米

T-80UM2 "黑鹰" 坦克前方特写

俄罗斯士兵与T-80UM2 "黑鹰" 坦克

俄罗斯 T-90 主战坦克

T-90 是俄罗斯于 20 世纪 90 年代研制的新型主战坦克，1995 年开始服役，截至 2021 年仍有大量 T-90 主战坦克在俄罗斯陆军服役。

T-90 主战坦克采用 125 毫米口径滑膛炮，型号为 2A46M，并配有自动装填机。该炮可以发射多种弹药，包括尾翼稳定脱壳穿甲弹、破甲弹和杀伤榴弹。为了弥补火控系统与西方国家的差距，该坦克还可发射 AT-11 反坦克导弹。AT-11 导弹在 5000 米距离上的穿甲厚度可达 850 毫米，而且还能攻击直升机等低空目标。尾翼稳定脱壳穿甲弹的型号为 3VBM17，该弹在 1000 米距离上着角 60 度的情况下其穿甲厚度超过 250 毫米。

T-90 主战坦克示意图

基本参数	
长度：9.53米	宽度：3.78米
高度：2.22米	重量：46.5吨
最大速度：65千米/小时	最大行程：550千米

此外，T-90 的炮塔顶端装有"眼盲式光电反量测防御协助组件"，它包含 2 具光电干扰放射器、4 具激光感应器。一旦发觉被激光照射时，会发射能阻绝激光的烟雾弹，在 3 秒内产生持续 20 秒的烟幕，使敌方导弹失去目标。

「衍生型号」

T-90A
俄罗斯陆军的焊接炮塔版，于 2005 年进入俄军服役，正逐步取代 T-72 和 T-80 成为俄罗斯陆军的中坚力量。该型坦克装备有 V-92S2 引擎和 ESSA 热像仪。

T-90AM
强化版 T-90A，原计划作为下一代主战坦克而研发，但是俄军最终选择了全新的 T-99"阿玛塔"主战坦克，因此该车的采购被废弃。

T-90 主战坦克爬坡测试

T-90SK
指挥型，有特殊无线电和导航系统和遥控引爆炸弹的控制器。

烟雾弹发射器

MTU-90
架桥车 使用 MLC50 伸缩桥。

俄罗斯 T-95 主战坦克

T-95 是俄罗斯 20 世纪 90 年代开始研发的主战坦克，由 T-90 发展而来。该型坦克的发动机为 GTD-1250 型燃汽轮机的改进型，具有更大的单位功率与加速性能，并且采用一种新型悬挂装置，不仅能确保其在高低起伏地上高速平稳地行驶，还可任意调节车底距地高度，具有优异的越野能力。

T-95 主战坦克装有世界各国主战坦克中口径最大的主炮，即 145 毫米滑膛炮。这预示着其射程更远，破坏力更大。它配备有新型自动装弹机和先进的火控系统，具备对昼夜移动目标完全自动跟踪、识别、选定目标等全面功能，大大缩短了从发现目标到射击的时间，提高了射击精度，而且操作简单，反应迅速。据称，T-95 主战坦克在运动中射击的命中率接近于静止间射击的命中率，并且有发射制导弹药（射程为 6000～7000 米）的能力。

T-95 主战坦克示意图

基本参数	
长度：9.72米	宽度：3.56米
高度：2.74米	重量：55吨
最大速度：65千米/小时	最大行程：700千米

爬坡中的 T-95 主战坦克

性能测试中的 T-95 主战坦克

法国 AMX-30 主战坦克

AMX-30 是法国于 20 世纪 60 年代研制的主战坦克，于 1966 年开始批量生产，次年 7 月正式列为法国陆军制式装备，逐渐替换法军中的 M47 坦克。除了法国陆军自己采用外，AMX-30 主战坦克还外销给近十个国家，其中包括西班牙、希腊和沙特阿拉伯等。

AMX-30 主战坦克示意图

基本参数
长度：9.48米
宽度：3.1米
高度：2.28米
重量：36吨
最大速度：65千米/小时
最大行程：600千米

AMX-30 主战坦克的主要武器是 1 门 CN-105-F1 式 105 毫米火炮，它既无炮口制退器，也无抽气装置，但装有镁合金隔热护套，能防止炮管因外界温度变化引起的弯曲。该炮可发射法国弹药，也可以发射北约制式 105 毫米弹药，最大射速为 8 发/分。值得注意的是，二战后的法国坦克设计以机动性优先，但 AMX-30 的装甲却比二战期间的德国"豹"1 还重。

战地中的 AMX-30 主战坦克

在沙特阿拉伯陆军中服役的 AMX-30 主战坦克（改装版）

法国 AMX-56 "勒克莱尔" 主战坦克

AMX-56 "勒克莱尔"（Leclerc）是法国 20 世纪 80 年代开始研制的一款主战坦克，于 90 年代初期开始服役，名称来源于法国著名将领菲利普·勒克莱尔（Philippe Leclerc）。值得一提的是，该坦克的火控系统比较先进，使其具备在 50 千米/小时的行驶速度下命中 4000 米外目标的能力。

AMX-56 "勒克莱尔" 主战坦克的炮塔和外壳采用焊接钢板外挂复合装甲式设计，可以轻松升级或更换装甲块。据称，其正面可抵抗 "霍特" 2 反坦克导弹的攻击。该坦克装有法国地面武器工业集团的通用战斗载具防御系统，可发射烟幕弹、榴弹和红外线干扰弹。此外，该坦克还装有三防装置、激光报警装置以及屏蔽和对抗装置。

AMX-56 "勒克莱尔" 主战坦克翻越沟壑

AMX-56 "勒克莱尔" 主战坦克侧面

AMX-56 "勒克莱尔" 主战坦克示意图

基本参数	
长度：9.9米	宽度：3.6米
高度：2.53米	重量：56.5吨
最大速度：72千米/小时	最大行程：550千米

急速行驶中的 AMX-56 "勒克莱尔" 主战坦克

「衍生型号」

Leclerc AZUR
为应对部队任务，在原版 AMX-56 "勒克莱尔" 主战坦克的基础上，Leclerc AZUR 加强了防御，例如在车身四周加装了防护栅栏。

Leclerc EPG
Leclerc EPG 是 AMX-56 "勒克莱尔" 主战坦克的工程车版，主要用于修路补桥等任务。

Leclerc DNG
Leclerc DNG 是一款坦克维修车。

法国"雷诺"FT-17 轻型坦克

"雷诺"（Renault）FT-17 是法国在一战时期生产的轻型坦克，以 360 度旋转炮塔而闻名于世。1918 年 3 月开始装备法军，到一战结束时，一共生产了 3187 辆。该坦克曾参与二战，服役至 1944 年。

"雷诺"FT-17 轻型坦克示意图

基本参数	
长度：5米	宽度：1.74米
高度：2.14米	重量：6.5吨
最大速度：7.7千米/小时	最大行程：60千米

为方便批量生产，"雷诺"FT-17 轻型坦克的车身装甲板大部分采用直角设计，便于快速接合。该坦克首次采用引擎、战斗室、驾驶舱各以独立舱间安装的设计。这样的设计让引擎的废气与噪音被钢板隔开，改善了士兵作战环境。为了改善作战人员的视野与缩小火力死角，设计了可 360 度转动的炮塔。这些创新的实用设计日后成为各国坦克的设计核心概念。考虑到量产便利性，原型车使用的铸造圆锥形炮塔在量产初期改为铆钉接合的八角形炮塔，随后又改为铸造炮塔。

博物馆中的"雷诺"FT-17 轻型坦克

二战战场上的"雷诺"FT-17 轻型坦克

德国"豹"式中型坦克

"豹"(Panther)式中型坦克，又称为五号中型坦克，主要在东线战场服役，是二战期间德国最出色的坦克之一。由于盟军的轰炸和生产上的问题，"豹"式中型坦克的产量不算高，直至二战完结，德国一共生产6000辆左右。

"豹"式坦克的主要武器为莱茵金属公司生产的75毫米半自动KwK42 L70火炮，通常备弹79发（G型为82发），可发射APCBC-HE、HE和APCR等炮弹。该炮的炮管较长，推动力强大，可提供高速发炮能力。此外，"豹"式坦克的瞄准器敏感度较低，击中敌人更容易。因此，尽管"豹"式坦克的火炮口径并不大，但却是二战中最具威力的火炮之一，其贯穿能力甚至比88毫米KwK36 L56火炮还高。

"豹"式中型坦克战斗编队

行驶中的"豹"式中型坦克

"豹"式中型坦克示意图

基本参数
长度：8.66米	宽度：3.42米
高度：3.00米	重量：44.8吨
最大速度：55千米/小时	
最大行程：250千米	

德国"虎"式重型坦克

"虎"（Tiger）式坦克，又称为六号坦克，是德国在二战期间研制的重型坦克，自1942年进入德国陆军服役至1945年投降为止。值得一提的是，由于"虎"式的重量较大，通过桥梁非常困难，因此它被设计可以涉水4米深，但入水前必须准备充分。

"虎"式重型坦克车体前方装甲厚度为100毫米，炮塔正前方装甲则厚达120毫米。两侧和车尾也有80毫米厚的装甲。在二战时期，这样的装甲厚度能够抵挡大多数来自各方位的攻击，尤其是来自正面的反坦克炮弹。"虎"式重型坦克的炮塔四边接近垂直，炮盾和炮塔的厚度相差无几，要从正面贯穿"虎"式的炮塔非常困难。该坦克的装甲采用焊接，外形设计极为精简，履带上方装有长盒形的侧裙。它的薄弱地带在车顶，装甲仅有25毫米（1944年3月增加至40毫米）。

"虎"式重型坦克示意图

基本参数
长度：6.32米	宽度：3.56米
高度：3米	重量：54吨
最大速度：45千米/小时	
最大行程：195千米	

被击毁的"虎"式重型坦克

二战期间的"虎"式重型坦克

德国"豹"1主战坦克

"豹"1（Leopard 1）坦克是德国于20世纪60年代研制的主战坦克，也是德国在二战后研制的首款坦克。自诞生以来，"豹"1主战坦克被数十个国家采用，其中包括意大利、澳大利亚和黎巴嫩等。

"豹"1坦克的主炮为英国L7线膛炮。炮塔是带有弧度曲面组成的铸造件，炮塔两侧各有一个突出的光学测距仪，炮塔后方有个杂物篮。车顶有1挺由上弹兵操作的MG-3防空机枪，而其同轴机枪也是MG-3。"豹"1坦克可以涉水深2.25米，若加上通气管更可涉水深达4米。总的来说，"豹"1坦克在机动力、火力和防护力三方面都有均衡而良好的表现。

"豹"1主战坦克示意图

基本参数	
长度：8.29米	宽度：3.37米
高度：2.7米	重量：42.2吨
最大速度：65千米/小时	最大行程：600千米

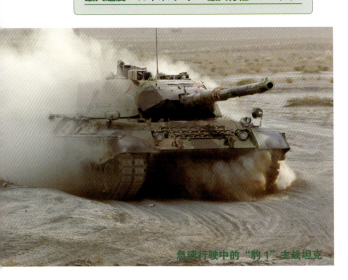

急速行驶中的"豹"1主战坦克

「衍生型号」

"豹"1A1

和"豹"1相比，"豹"1A1炮塔左侧的舱盖由方形改为圆形，而炮塔后方的杂物篮也略为放大，主炮加上垂直和水平稳定器，炮盾左侧加上了作为红外线夜视器光源的灯箱。

"豹"1A2

"豹"1A2和"豹"1A1的外表大体相同，只不过"豹"1A2车身两侧加上侧裙装甲，内部加装空气过滤器和核生化武器防护设备。

"豹"1A3/A4

"豹"1A3取消了后方杂物篮，令内部空间多了1.5立方米。新炮塔经过重新设计改为焊接结构，呈方形而且前方向后倾斜；坦克内里采用了中空装甲。"豹"1A4和"豹"1A3无太大差别，只不过是前者改用了由德律风根公司研发的射控系统。

德国"豹"2主战坦克

"豹"2（Leopard 2）是德国研制的主战坦克，性能非常突出，被公认为当今性能最优秀的主战坦克之一，在同时代的西方主战坦克中拥有极为不错的外销成绩，被世界多个国家的军队采用。

"豹"2主战坦克的火控系统由光学、机械、液压和电子件组成，采用稳像式瞄准镜，具有很高的行进间对运动目标射击命中率。该坦克安装有集体式三防通风装置，其空气过滤器可从外部更换，并配有乘员舱灭火抑爆装置（从第5批生产型开始）。炮塔外轮廓低矮，具有较强的防弹性，主炮弹药存储于炮塔尾舱，并用气密隔板将其和战斗舱隔开，在坦克中弹后不容易引发弹药殉爆。它采用MTU公司的MB873Ka-501柴油发动机，输出功率为1103千瓦。该发动机的转速为2600转/分，平均有效压力为1.07，从静止状态加速到32千米/小时仅需7秒。

"豹"2主战坦克

"豹"2主战坦克示意图

基本参数
- 长度：7.69米
- 宽度：3.7米
- 高度：2.79米
- 重量：62吨
- 最大速度：70千米/小时
- 最大行程：470千米

「衍生型号」

"豹"2A1
使用了和美国M1"艾布拉姆斯"主战坦克同等级的装甲，并做了许多其他改进，例如加入了炮手热感应瞄准仪。

"豹"2A2
"豹"2A2是"豹"2A1的升级版，换装了PZB 200观测镜（有热感应影像能力），可以用主炮发射"拉哈特"导弹（激光制导反坦克导弹）。

"豹"2A3
相比"豹"2A2而言，"豹"2A3主要变化是增加了SEM80/90数位无线电套件，弹药的再装填口也焊死了。

"豹"2主战坦克侧前方视角

全速行驶的"豹"2主战坦克

"豹"2A4

"豹"2A4是"豹"2家族中生产力最大的,其各方面性能较之前的几型都有较大提升,并加入了一些特殊的系统,例如自动灭火防爆系统。

"豹"2A5

相较前几型而言,"豹"2A5增加了炮塔顶端和前方的装甲,改良了指挥和火控系统。

"豹"2A6

"豹"2A6拥有极好的防爆能力,并改进了许多车内设施,以提高乘员生存力。

德国二号轻型坦克

二号坦克是德国于20世纪30年代研制的轻型坦克，在二战中的波兰战役与法国战役中扮演了很重要的角色。

二号坦克的车体和炮台由经过热处理的钢板焊接而成，前方装甲平均厚约30毫米，而后侧方装甲则为16毫米。发动机室位于车体后方，动力经由战斗舱传至前方ZF撞击式的齿轮箱，总计有6个前进挡和1个倒挡，由离合器以及刹车来进行控制。驾驶座位于车身左前方，战斗舱上方为炮台，位置略往左偏。二号坦克的主要武器为20毫米机炮，它只能射击装甲弹，全车带有180发20毫米弹药和1 425发7.92毫米机枪弹药。大多数车型都配备有无线电。

基本参数

长度：4.8米	宽度：2.2米
高度：2米	重量：7.2吨
最大速度：40千米/小时	最大行程：200千米

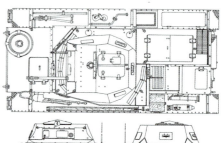

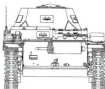

二号坦克三视图

在博物馆展览的二号坦克

二号坦克特写

德国三号中型坦克

三号中型坦克是德国于20世纪30年代研制的,原来被计划作为德国陆军的主战坦克,量产后主要用于针对波兰、法国、苏联及在北非的战事。不过苏德两方交战后,证明了三号坦克的实力并不如苏联T-34坦克,因此逐渐由强化后的四号坦克所代替。

早期生产的三号坦克(A型~E型,以及少量F型)安装由PAK36反坦克炮所修改而成的37毫米坦克炮,以应付1939年及1940年的战事。后来生产的三号坦克F型~M型都改装50毫米KwK38 L/42及KwK39 L/60型火炮,备弹99发。该炮虽然初速度仍然偏低,但也因此可以发射高爆弹药,而射程也超过英军的2磅炮。1942年生产的N型换装75毫米KwK37 L/24低速炮(四号坦克早期所使用的火炮),备弹64发。辅助武器方面,A型~H型都使用2支7.92毫米机枪,以及1支在车身中的机枪。而从G型开始,则使用1支同轴MG34机枪以及1支在车身上的机枪。

三号中型坦克示意图

基本参数	
长度:5.56米	宽度:2.9米
高度:2.5米	重量:23吨
最大速度:40千米/小时	最大行程:165千米

【战地花絮】

波兰战役爆发时,只有98辆早期型的三号中型坦克可以使用,因此它在波兰战役中并没有成为主力。法国战役方面,尽管当时三号F型已经投入生产,但大部分的三号中型坦克安装的还是小口径火炮,威力有限。尽管这样,三号中型坦克仍是当时德军最好的坦克之一。

博物馆中的三号中型坦克

日本 90 式主战坦克

90 式主战坦克于 1990 年进入日本陆上自卫队服役，是日本陆上自卫队现役的主要主战坦克之一。日本陆上自卫队原计划采购 800 余辆 90 式主战坦克，但因价格昂贵（每辆造价高达 850 万美元），采购数量大致控制在 400 辆以下。

90 式主战坦克的主炮为德国莱茵金属公司授权生产的 120 毫米滑膛炮，该炮装有炮口校正装置、抽气装置和热护套，射速为 10～11 发/分。装甲防护主要采用复合装甲，炮塔正面为垂直装甲，并未采用欧美主流的倾斜 45 度。在车体和炮塔前部使用复合装甲，而其他部位采用的间歇装甲发动机为日本三菱公司制造的涡轮增压柴油发动机，输出功率为 1103 千瓦。传动装置为带液力变矩器的自动变速、静液转向式传动装置和电动液压操纵装置。

90 式主战坦克概念模型图

基本参数	
长度：9.76米	宽度：3.33米
高度：2.33米	重量：50.2吨
最大速度：70千米/小时	最大行程：350千米

急速行驶中的 90 式主战坦克

演习基地中的 90 式主战坦克

日本 10 式主战坦克

10 式的主战坦克火力、装甲、机动力较 90 式主战坦克有了大幅度提高,是由日本陆上自卫队以新中期防卫力整备计划为基础所开发的主战坦克,是目前世界上最先进的主战坦克之一,于 2012 年 1 月开始正式服役于陆上自卫队。

10 式主战坦克的主炮为 90 式主战坦克所装备的 120 毫米滑膛炮升级版,试作车的主炮为日本制钢所制的国产 44 倍径 120 毫米滑膛炮,同时具备更强穿甲力的新型穿甲弹也正在研发。日后 10 式可能会换装威力更强大的 120 毫米 55 倍径主炮。它的正面为内装式复合装甲,由于使用了碳素纤维和陶瓷等材料复合成的装甲,其装甲重量大大下降,基本重量为 40 吨,战斗全重为 44 吨,增加装甲最大限度为 48 吨。该坦克采用 V 型 8 汽缸四行程水冷柴油引擎,机动性能比 90 式坦克更强。

10 式主战坦克示意图

基本参数
长度:9.42米
宽度:3.24米
高度:2.3米
重量:44吨
最大速度:70千米/小时
最大行程:440千米

10 式主战坦克侧面

军事演习中的 10 式主战坦克

行驶中的 10 式主战坦克

意大利 P-40 重型坦克

P-40 重型坦克是意大利二战期间最重型的坦克，尽管意军将其归类为重型坦克，但按其他国家的吨位标准其只能算是中型坦克。该坦克存在很多设计上的不足，但仍是二战中期意大利唯一能与盟军坦克周旋的坦克。

P-40 重型坦克的设计最初类似于 M11/39，但拥有更强的火力与装甲。意军在东线遭遇苏联 T-34 后，设计思想发生了较大变化，随即 P-40 重型坦克采用避弹性佳的斜面装甲，并加强了火炮，即换装 75 毫米 34 倍径火炮。总的来说，P-40 坦克的设计就当时标准来说比较新式，但缺乏几个现代特点，如焊接、可靠的悬吊装置和保护车长的顶盖等。

P-40 重型坦克示意图

基本参数	
长度：5.8米	宽度：2.8米
高度：2.5米	重量：26吨
最大速度：40千米/小时	最大行程：280千米

【战地花絮】

P-40 重型坦克的设计始于 1940 年，意大利官方将其称作 "Carro Armato P 26/40"，其中 "Carro Armato" 意为装甲坦克，P 指的是意大利语的 "重（Pesante）"，26 和 40 则分别为 "重量（吨）" 和设计通过的 "年份（1940 年）"。

P-40 重型坦克正面

被盟军摧毁的 P-40 重型坦克

博物馆中的 P-40 重型坦克

意大利 C1 "公羊" 主战坦克

C1 "公羊"（Ariete）是意大利国内自行研制与生产的主战坦克，于1995年开始服役。虽然这是二战后意大利第一次研发的国产坦克，但是由于大量采用了120毫米滑膛炮和复合装甲等战后世界先进技术，因此其整体性能尚算优秀。

C1 "公羊" 主战坦克的车体和炮塔均采用焊接结构，车体前方和炮塔正面采用复合装甲，其他部位则为均钢质装甲。该坦克的第一、二负重轮位置处的装甲裙板也采用了复合装甲，可以有效防御来自侧面的攻击，保护坦克的驾驶员。它的主要武器是一门120毫米滑膛炮（德国RH120坦克炮的仿制品，弹药也可与RH120通用），可携带42发炮弹，其中15发储存于炮塔尾舱，27发储存于车体内；动力装置为MTCA V-12 水冷式涡轮增压柴油机，最大功率956千瓦。

军事基地中的 C1 "公羊" 主战坦克

C1 "公羊" 主战坦克侧面

C1 "公羊" 主战坦克调整主炮

C1 "公羊" 主战坦克示意图

基本参数	
长度：9.52米	宽度：3.61米
高度：2.45米	重量：54吨
最大速度：65千米/小时	最大行程：600千米

瑞典 S 型主战坦克

S 型坦克是瑞典博福斯（Bofors）公司研制的主战坦克，全称 103 型坦克（瑞典语：Stridsvagn 103，简称 Strv 103），其特点是采用非传统的无炮塔设计，坦克炮的高低角度和旋转完全由车体悬吊装置负责。该坦克于 20 世纪 60 年代开始进入瑞典陆军服役，并持续到 90 年代。

S 型主战坦克的主武器是 1 门博福斯公司生产的 105 毫米 L74 式加农炮，火炮与坦克车体刚性固定，炮管不会发生颤动，炮管中央装有圆筒形抽气装置，无炮口制退器，炮管尾部有 2 个带中央曲柄的立楔式炮闩，火炮瞄准是依靠车体的旋转和俯仰实现的。该坦克采用了燃汽轮机和柴油机双机联动的动力装置，动力舱内燃汽轮机在左侧，柴油机在右侧，总输出功率为 537 千瓦。主机为 K-60 型 2 冲程对置活塞式多种燃料发动机，最大功率为 176 千瓦，可燃烧柴油、煤油和汽油等多种燃料。

S 型主战坦克进行性能测试

S 型主战坦克前侧方特写

S 型主战坦克示意图

基本参数	
长度：9米	宽度：3.8米
高度：2.14米	重量：42吨
最大速度：50千米/小时	最大行程：390千米

武器展览会中的 S 型主战坦克

以色列"梅卡瓦"主战坦克

"梅卡瓦"(Merkava)是以色列研制的一种主要侧重于防御的主战坦克,主要装备以色列国防军。1979年,第一台"梅卡瓦"主战坦克交付以色列国防军,全重超过60吨,是当时世界上最重的主战坦克之一,也是当时世界上防护能力最强的主战坦克之一。

"梅卡瓦"主战坦克非常注重防护性能,其中防护部分的重量占到整车重量的75%,相较其他坦克的50%要高出不少。该坦克的炮塔扁平,四周采用了复合装甲,这种炮塔外形可有效减少正面和侧面的暴露面积,降低被敌命中的概率。"梅卡瓦"主战坦克的车体四周也挂有模块化复合装甲,并在驾驶舱内壁敷设了一层轻型装甲,以加强保护驾驶员的安全。为了抵抗地雷袭击,该坦克还对底部装甲进行了强化。此外,为了增强坦克正面的防护力,它还采用了一项比较特别的设计,即将发动装置前置。

"梅卡瓦"主战坦克示意图

基本参数	
长度:9.04米	宽度:3.72米
高度:2.66米	重量:65吨
最大速度:64千米/小时	最大行程:500千米

战斗中的"梅卡瓦"主战坦克

"梅卡瓦"主战坦克在沙地行驶

现代升级版"梅卡瓦"主战坦克

印度"阿琼"主战坦克

"阿琼"（Arjun）主战坦克是印度耗费30多年研制的一款国产坦克。该坦克在1974年正式启动研发，从"阿琼"MK1升级到"阿琼"MK2，几乎全部关键子系统都采用进口产品，所谓"国产"只是进行整车设计、部件整合工作。这导致"阿琼"主战坦克单价高达800多万美元，位列全球主战坦克之首。

"阿琼"主战坦克的主炮为一门120毫米线膛炮，该炮可以发射印度自行研制的尾翼稳定脱壳穿甲弹、破甲弹、发烟弹和榴弹等弹种，改进型还可以发射以色列制的炮射导弹。该坦克主要着重于硬防护，采用了印度自制的"坎昌"式复合装甲，据称该装甲性能与英国的"乔巴姆"复合装甲相近，并可外挂反应装甲。据称，印度自制的"坎昌"式复合装甲在实际测试中的性能很差，有资料称实测其装甲几乎相当于劣质锅炉钢材。

"阿琼"主战坦克示意图

基本参数	
长度：10.19米	宽度：3.85米
高度：2.32米	重量：58.5吨
最大速度：72千米/小时	最大行程：400千米

"阿琼"主战坦克正面

"阿琼"主战坦克旋转炮塔

沙地中行驶的"阿琼"主战坦克

土耳其"阿勒泰"主战坦克

"阿勒泰"(Altay)坦克是土耳其的第三代主战坦克,首批生产型计划于2021年开始服役。

"阿勒泰"主战坦克采用1800马力的引擎,速度可达70千米/小时,并能在4.1米深的水下作战。该坦克借鉴了韩国K2主战坦克的装甲技术,并引进了德国MTU公司的混合燃料发动机。"阿勒泰"坦克搭载一门120毫米55倍口径滑膛炮,并有对应生物、化学与辐射性攻击的防护系统。2018年,在原型车生产与测试完成之后,土耳其国防工业局下发了第一批250辆的订单,未来还将有3份订单,总数将达到1000辆,每次交货时新型坦克预计也会有额外的升级。

正在开火的"阿勒泰"坦克

"阿勒泰"坦克在公路上行驶

"阿勒泰"坦克示意图

基本参数	
长度:10.3米	宽度:3.9米
高度:2.6米	重量:65吨
最大速度:70千米/小时	最大行程:500千米

"阿勒泰"坦克前方特写

韩国 K1 主战坦克

K1 主战坦克系列是韩国陆军主力坦克，由现代汽车采用美国通用动力技术合作生产研发，由于是在美国 M1 系列主战坦克的基础上研制而成的，因此其总体布置与 M1 主战坦克基本相同，外形相似。

K1 坦克采用液气悬挂和扭杆悬挂并用的混合式悬挂装置。K1 坦克每侧有 6 个负重轮，其中第 3、第 4、第 5 个负重轮采用扭杆悬挂装置，第 1、第 2、第 6 个负重轮采用液气悬挂装置。液气悬挂装置可通过调节油量来改变车底距地面高度，因此，车体可进行前后俯仰的变换，从而有利于主炮的俯仰和射击。

K1 示意图

基本参数	
长度：9.67米	宽度：3.6米
高度：2.25米	重量：51.1吨
最大速度：65千米/小时	最大行程：500千米

K1 坦克前侧方特写

【战地花絮】

K1坦克经常被认为是M1坦克的仿制车型,曾有人将K1主战坦克描述为M1坦克的"婴儿"坦克。由于二者相似,美国《陆军》杂志1993年第10期登载的美驻韩第2步兵师M1坦克,误用了韩国陆军K1坦克的照片。

行驶中的K1坦克

「衍生型号」

K1A1坦克

K1A1在2001年10月13日问世,外形类似K1,换装了更大的120毫米莱茵金属公司主炮生产的Rh-120滑膛炮,有更大的贯穿力。

韩国 K2 主战坦克

K2 是韩国军队新一代主战坦克。由国防科学研究所（ADD）使用外国和本国技术混合研发而成，从 1995 年开始研发。

K2 坦克延续了 K1 坦克的设计，驾驶舱位于车体的左前方，车体是战斗舱，车体后部是动力舱。K2 坦克的炮塔类似于法国"勒克莱尔"的炮塔风格，炮塔正面和两侧装甲接近垂直，消除了 K1 坦克上的窝弹区，炮塔后面多了一个尾舱，里面安装有自动装弹机。K2 配备的武器包括引进的德国 L55 身管 120 毫米滑膛炮和由 ADD 研发，世界工业生产的 55 口径 12.7 毫米 K6 机枪和 7.62 毫米同轴机枪，具有自动装填弹药和每分钟可以发射多达 15 发炮弹的能力。它还有一个独特的系统令它可以在移动中发炮，即使在地势崎岖的地方也不受影响。

基本参数	
长度：10米	宽度：3.1米
高度：2.2米	重量：55吨
最大速度：70千米/小时	最大行程：450千米

K2 坦克示意图

K2 坦克正在进行越障测试

正在开火的 K2 坦克

急速行驶的 K2 坦克

瑞士 Pz61 主战坦克

Pz61 主战坦克是瑞士自行研制的第一代坦克，装备瑞士机械化师。

Pz61 坦克采用传统的炮塔，车体和炮塔均为整体铸件，车体分为 3 个舱，前部是驾驶舱，中央是战斗舱，后部是动力舱。pz61 主战坦克的动力是德国的 mb837 型 v8 水冷柴油机，还有 1 台 cm636 柴油机为辅助动力。发动机通过瑞士自己生产的带液力变矩器的全自动变速箱传递动力。该坦克采用方向盘控制，非常轻便。此外，采用少见的碟盘弹簧独立悬挂方式也是 pz61 的特点之一。这种悬挂系统虽然不占用车内空间、便于维护，但行程比较短。

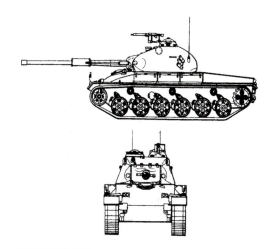

Pz61 坦克示意图

基本参数	
长度：9.45米	宽度：3.06米
高度：2.72米	重量：39吨
最大速度：55千米/小时	最大行程：250千米

急速行驶中的 Pz61 坦克

Pz61 坦克前侧方特写

Pz61 坦克在泥地中前进

第3章 铁甲卫士——装甲车辆

装甲车的特性为具有高度的越野机动性能,有一定的防护和火力,分为履带式和轮式两种,一般装备1~2门中小口径火炮及数挺机枪,一些还装有反坦克导弹。从二战发展至今,装甲车的作用得到了认可(特别是机动性、空运性和容载量等),并且大有完全取代坦克的趋势,成为陆军最得力的地面突击力量。

美国 M2 半履带装甲车

M2 是美军于二战期间使用的一款半履带装甲车，由美国怀特汽车公司以 M3 装甲侦察车的车体，加上雪铁龙（Citroën）汽车公司生产的半履带车部件组装而成的，有多种不同用途的型号，其中包括侦察型、自行火炮型和防空型等。

第一辆正式版本的 M2 半履带装甲车在 1941 年投入战场，主要装备包括菲律宾、北非和欧洲的美国陆军及太平洋沿岸战场的美国海军陆战队。M2 因为通用性高，在二战及战后被不断升级和改良以延长服役寿命，阿根廷陆军一直沿用升级版的 M9 半履带装甲车至 2006 年，并把这批 M9 捐赠给玻利维亚。

美军野外营地中的 M2 半履带装甲车

二战期间执行运输任务的 M2 半履带装甲车

博物馆中的 M2 半履带装甲车

「衍生型号」

M3 半履带装甲车

M3 有比 M2 更长的车体，在车尾有一个进出口，并可承载 13 人的步枪班。在车的两边设有 10 个座位，3 个在驾驶室。在座位底下有架子，用来放弹药及配给；座位后方额外的架子用来放步枪以及其他物品。在车壳外，履带上方，有个小架子用来放地雷。

M2 半履带装甲车示意图

基本参数

长度：5.96 米	宽度：2.2 米
高度：2.26 米	重量：9 吨
最大速度：64 千米/小时	
最大行程：321 千米	

美国 M2 "布雷德利" 步兵战车

M2 "布雷德利" 步兵战车是一种履带式、随步兵机动作战用的中型战斗装甲车辆，可以独立作战，也可协同坦克作战，以美国五星上将奥马尔·布雷德利（Omar Bradley）名字命名。

M2 "布雷德利" 的车体为铝合金装甲焊接结构，其装甲可以抵抗14.5毫米枪弹和155毫米炮弹破片。其中，车首前上装甲、顶装甲和侧部倾斜装甲采用铝合金，车首前下装甲、炮塔前上部和顶部为钢装甲，车体后部和两侧垂直装甲为间隙装甲。间隙装甲由外向内的各层依次为6.35毫米钢装甲、25.4毫米间隙、6.35毫米钢装甲、88.9毫米间隙和25.4毫米铝装甲背板，总厚度达152.4毫米。车体底部装甲为5083铝合金，其前部三分之一挂有一层用于防地雷的9.52毫米钢装甲。

M2 "布雷德利" 步兵战车示意图

基本参数

长度：6.55米	宽度：3.6米
高度：2.98米	重量：27.6吨
最大速度：66千米/小时	
最大行程：483千米	

【战地花絮】

1991年，M2 "布雷德利" 步兵战车参加了海湾战争，它击毁的伊拉克坦克与装甲车的数量比M1 "艾布拉姆斯" 主战坦克还要多。

M2 "布雷德利" 步兵战车侧面

海湾战争中 M2 "布雷德利" 步兵战车

美国 M8 装甲车

M8 是美国福特（Ford）汽车公司于二战时期设计的一款 6×6 装甲车，它在正式推出前经历了多次改进，一直延迟至 1943 年 3 月才投入量产，至 1945 年 6 月停止，共生产了 8523 架。

M8 装甲车的武器为 M6 37 毫米炮（配 M70D 望远式瞄准镜）、1 门 7.62 毫米口径勃朗宁 M1919 同轴机枪和 1 门安装在开放式炮塔上的勃朗宁 M2 防空机枪。可装载 4 名车组乘员，包括车长、炮手兼装填手、无线电通信员（有时兼作驾驶员）及驾驶员。驾驶员和无线电通信员的座位位于车体前端，可打开装甲板直接观察路面环境，车长位于炮塔右方，炮手则位于炮塔正中间。

M8 装甲车示意图

基本参数
长度：5 米	宽度：2.53 米
高度：2.26 米	重量：7.8 吨
最大速度：89 千米/小时	
最大行程：560 千米	

【战地花絮】

M8 装甲车于 1943 年在意大利战场首次作战，后服役于欧洲和远东地区的美国陆军部队，在亚洲战场时由于日军坦克及装甲车的装甲薄弱，它甚至成为反坦克武器。

博物馆中的 M8 装甲车

M8 装甲车侧面

二战期间的 M8 装甲车

「衍生型号」

M20 通用装甲车

M20 通用装甲车是以 M8 为基础改进而来的，拆除后者的炮塔，改用开放式 12.7 毫米勃朗宁 M2 防空机枪塔，车体高度大幅降低，机动性高、速度更快，能有效对抗小口径武器及炮弹碎片，车内备有"巴祖卡"火箭筒以提高车组成员的反装甲能力。

T69 防空装甲车

T69 防空装甲车是 M8 装甲车的衍生试验型，装有四联装 M2 重机枪及机枪塔。

美国 V-100 装甲车

V-100 是美国凯迪拉克盖集汽车公司设计生产的一款装甲车，可充当多种角色，其中包括装甲运兵车、救护车和迫击炮载体等。该车在美军中的昵称为"鸭子"。它曾参与了1991年的海湾战争，并提供给黎巴嫩、沙特阿拉伯等国使用。

V-100 装甲车使用无气战斗实心胎，可以在水中以 4.8 千米/小时的速度前进。该车的装甲是称为"Cadaloy"的高硬度合金钢，可以挡住 7.62×51 毫米北约枪弹。因为装甲太重，因此该车后轮轴极易损坏。但是由于合金钢装甲提供了单体结构框架，所以它轻于加上装甲的普通车辆，另外装甲的倾斜角度也有助于防止枪弹和地雷爆炸而穿透装甲。

V-100 装甲车示意图

基本参数	
长度：5.69米	宽度：2.26米
高度：2.54米	重量：9.8吨
最大速度：100千米/小时	
最大行程：643千米	

V-100 装甲车正面

葡萄牙军队中的 V-100 装甲车

美国 M1117 "守护者" 装甲车

M1117 "守护者"（Guardian）是由美国德事隆（Textron）海上暨地面系统公司制造的 4×4 装甲车，原计划用于取代 HMMWV（"悍马"）装甲车，但由于其造价太高未能实现这一目的。

M1117 "守护者" 装甲车配有 Mk 19 榴弹发射器和 M2 重机枪。第一辆 M1117 "守护者" 轻型装甲车生产型于 2000 年 4 月交货，至今美国陆军已经接收了一定数量，驻欧美国陆军第 18 宪兵旅、第 615 宪兵连、第 527 宪兵连等单位均有装备。

M1117 "守护者" 装甲车侧面

补给中的 M1117 "守护者" 装甲车

M1117 "守护者" 装甲车示意图

基本参数	
长度：6米	宽度：2.6米
高度：2.6米	重量：13.47吨
最大速度：63千米/小时	
最大行程：500千米	

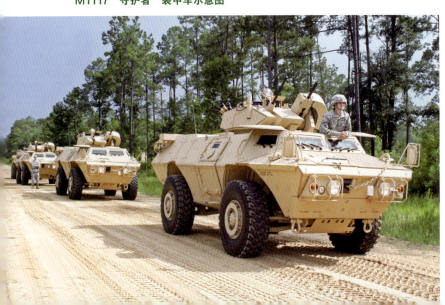

美国 MPC 装甲运兵车

21世纪，美军为了能将火力、防护力和大货仓等特色融于一体，提出了新型装甲车的计划，之后芬兰帕特里亚（Patria）公司与美国洛克希德·马丁（Lockheed Martin）公司合作研发出一款装甲运兵车，即 MPC（Marine Personnel Carrier，意为：陆战队人员输送车）装甲运兵车，该车于2015年开始服役。

MPC 装甲运兵车配有勃朗宁 M2 重机枪，具备 V 形底盘以抵抗土制炸弹威胁。在美国海军陆战队最初的计划中，MPC 只是用于最基本的滩头展开，每两辆 MPC 便能运送一个齐装满员的加强班，部队在滩头展开后再换乘其他陆用战斗车辆。

MPC 装甲运兵车侧前方视角

MPC 装甲运兵车示意图

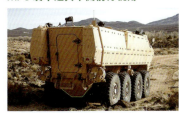
MPC 装甲运兵车侧后方视角

基本参数
长度：6.39米　宽度：2.5米
高度：2.69米　重量：12.8吨
最大速度：100千米/小时
最大行程：660千米

美国 JLTV 装甲车

JLTV（Joint Light Tactical Vehicle，意为：联合轻型战术车辆）是美国洛克希德·马丁公司设计生产的一款装甲车。2016年，JLTV已经进行低产量生产，到2040年以前，美国陆军将购买该新型军车近5万辆，陆战队购买约5500辆。

目前JLTV装甲车有A、B、C三种型号。A型载重1600千克，作为4人步兵巡逻车；B型载重2000千克，作为6人步兵巡逻车、指挥车、多机枪车；C型载重2300千克，作为救护车、工程车、载货车。

JLTV 装甲车示意图

基本参数	
长度：4.6米	宽度：2.3米
高度：1.9米	重量：3吨
最大速度：100千米/小时	
最大行程：560千米	

JLTV 装甲车越野测试

待测试的 JLTV 装甲车

JLTV 装甲车编队

美国 AIFV 步兵战车

AIFV 是由美国机械化学（FMC）公司于 20 世纪 70 年代制造的履带式步兵战车，主要是为了弥补 M2 "布雷德利"步兵战车的不足。目前该车除了在美国服役外，荷兰、菲律宾和比利时等国也有使用。

AIFV 步兵战车的车体采用铝合金焊接结构，为了避免意外事故，车内单兵武器在射击时都有支架。舱内还有废弹壳搜集袋，以防止射击后抛出的弹壳伤害邻近的步兵。AIFV 步兵战车的车体及炮塔都披挂有 FMC 公司研制的间隙钢装甲，用螺栓与主装甲连接。这种间隙装甲中充填有网状的聚氨酯泡沫塑料，重量较轻，并有利于提高车辆水上行驶时的浮力。

AIFV 步兵战车示意图

基本参数	
长度：5.258米	宽度：2.819米
高度：2.794米	重量：11.4吨
最大速度：61.2千米/小时	
最大行程：490千米	

伪装后的 AIFV 步兵战车

战地中的 AIFV 步兵战车

AIFV 步兵战车战斗编队

美国"斯特赖克"装甲车

"斯特赖克"装甲车（Stryker）是由美国通用动力子公司通用陆地系统（GDLS，General Dynamics Land Systems）设计生产的，其设计理念源于瑞士的"食人鱼"装甲车。

"斯特赖克"装甲车最大的特点与创新在于几乎所有的衍生车型都可以用即时套件升级方式从基础型改装而来，改装可以在战场前线完成，因此提供了极大的应用弹性。若有某一型车战损，不必再等待从后方运补，可以抽调另一台较不重要的车型改装。

美国"斯特赖克"装甲车示意图

基本参数

长度：6.95米	宽度：2.72米
高度：2.64米	重量：16.47吨
最大速度：100千米/小时	
最大行程：500千米	

【战地花絮】

为了能更好地适应世界各地不同强度的局部武装冲突，美国陆军急需一种能够快速介入、快速抵达、快速展开却又高度资讯科技化的地面轻装甲部队，于是"斯特赖克"战斗旅（Stryker Brigade Combat Team，简称SBCT）的构想应运而生。

「衍生型号」

M1126 装甲运兵车

M1126 装甲运兵车是"斯特赖克"装甲车族的最基本型号，其他的"斯特赖克"装甲车族成员都是在它的基础上改进而来的。该车重16.47吨，有一个"防御者"M151遥控武器系统，可以让士兵在车辆内操作武器。

M1127 侦察车

M1127 侦察车加装诸多光学传感器和情报用电脑，它负责在战场上移动以侦察敌军情况并将信息传送给指挥部。

M1128 机动炮车

M1128 机动炮车加装了105毫米低姿势炮塔，是"斯特赖克"战斗旅的主要反坦克打击火力，主炮使用自动装填机能装9发，炮塔内的弹舱另有9发合计18发。

M1129 迫击炮车

M1129 迫击炮车能够提供随叫随到的支持火力（普通迫击炮弹、照明弹、红外照明弹、烟雾弹、DPICM集束炸弹）。

M1130 指挥车

M1130 指挥车装备有多种卫星通信装备和电战设备，能进行空袭和炮兵管制。

M1131 炮兵观测车

M1131 炮兵观测车搭载3D地形资讯系统，可在战况激烈时呼叫火力支援。相比传统的无线电报，该系统大大降低了时间误差，减少了火炮误击。

美国"水牛"地雷防护车

"水牛"地雷防护车（Buffalo mine protected vehicle）是由美国军力保护公司（Force Protection）以南非"卡斯皮"地雷防护车为基础研制的一款装甲车，美国陆军、加拿大陆军和法国陆军均有装备。

"卡斯皮"地雷防护车原为4轮设计，而"水牛"地雷防护车则改为6轮，车头具有大型遥控工程臂以用于处理爆炸品。"水牛"采用V形车壳，若车底有地雷或IED爆炸时能将冲击波分散，有效保护车内人员免受严重伤害。在伊拉克及阿富汗服役的"水牛"加装鸟笼式装甲以防护RPG-7火箭筒的攻击。

"水牛"地雷防护车示意图

基本参数	
长度：8.2米	宽度：2.6米
高度：4米	重量：20.6吨
最大速度：105千米/小时	
最大行程：483千米	

"水牛"地雷防护车正面

"水牛"地雷防护车侧面

加装防护栅栏的"水牛"地雷防护车

美国"悍马"装甲车

说到美国的军用车辆,绝大多数人会想到"悍马"装甲车,它全名为 High Mobility Multipurpose Wheeled Vehicle,简称 HMMWV,意为:高机动性多用途轮式车辆,是由美国汽车公司(AMC)设计生产的一款多用途装甲车,可以由多种运输机或直升机运输并空投。

"悍马"装甲车装有一部大功率柴油发动机,4轮驱动,越野能力尤为突出。该车拥有1个可以乘坐4人的驾驶室和1个帆布包覆的后车厢,4个座椅被放置在车舱中部隆起的传动系统的两边,这样的重力分配可以保证其在崎岖光滑的路面上具备良好的抓地力和稳定性。1991年,历经海湾战争一役后,优异的机动性、越野性、可靠性和耐久性与各式武器承载上的安装适应能力,使该车声名大噪。

基本参数

长度:4.57米	宽度:2.16米
高度:1.83米	重量:2.68吨
最大速度:113千米/小时	
最大行程:563千米	

【战地花絮】

海湾战争过后,美国国防部对"悍马"装甲车赞誉有加,表示:"悍马"装甲车满足了一切要求,显示出极佳的越野能力与机动能力,其可运用性超过陆军的基本标准。"悍马"装甲车具有很高的载重能力,对美军来说也是绝对的保证。

"悍马"装甲车示意图

"悍马"装甲车性能测试

急速行驶中的"悍马"装甲车

"悍马"装甲车救护车版

"悍马"装甲车重机枪版

美国 M20 通用装甲车

M20 是美国福特汽车公司设计生产的一款通用装甲车，又名 M20 装甲侦察车，是美军在 1943～1944 年战场上的主要战车之一。

M20 通用装甲车是以 M8 为基础改进而来的，拆除后者的炮塔，改用开放式 12.7 毫米勃朗宁 M2 防空机枪塔，车体高度大幅降低，机动性更高，速度更快，能有效对抗小口径武器及炮弹碎片，车内备有"巴祖卡"火箭筒以提高车组成员的反装甲能力。

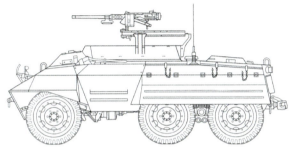

M20 装甲车示意图

基本参数
长度：6 米　宽度：2.54 米
高度：1.87 米　重量：4.8 吨
最大速度：110 千米/小时
最大行程：420 千米

美国士兵与 M20 装甲车

M20 装甲车侧面特写

展览中的 M20 装甲车

苏联/俄罗斯 BMP-1 步兵战车

BMP-1 是苏联二战后设计生产的第一种步兵战车，曾参与过阿富汗战争和海湾战争等，目前仍有部分在俄罗斯和其他国家服役。该车的设计是轻型坦克和装甲运兵车的结合，这也成为苏联日后其他步兵战车的设计风格。

BMP-1 步兵战车车首装甲倾斜 80 度，它虽厚 7 毫米但却等同 37 毫米厚的防护力。车身前方右侧是动力舱，发动机和齿轮箱都被放在此处。车前左侧是驾驶员及其身后的车长。车中是炮塔，炮塔由炮手操作 1 挺 73 毫米 2A28 滑膛炮、AT-3 反坦克导弹以及 1 挺 PKT 同轴机枪。车后是运兵舱，可载 8 名士兵，两排士兵背对背坐，士兵通过枪孔可以在车内用手上的枪械（主要是 AK 系列枪械）向车外射击。

急速行驶中的 BMP-1 步兵战车

BMP-1 步兵战车示意图

基本参数
- 长度：6.74 米　宽度：2.94 米
- 高度：2.07 米　重量：13.2 吨
- 最大速度：65 千米/小时
- 最大行程：500 千米

【战地花絮】

1980 年 9 月，两伊战争开始时伊拉克军有 1100 辆 BMP-1 步兵战车。当年 10 月的霍拉姆沙克尔战役中，伊拉克军伤亡惨重。鉴于此，其开始把一部分的 BMP-1 改造成战场救护车。

「衍生型号」

BMP-2 步兵战车
BMP-2 步兵战车改用一个较大的双人炮塔取代了 BMP-1 的单人炮塔，主要武器改为 30 毫米 2A42 机炮和 AT-5 反坦克火箭筒（出口型号则一般安装 AT-4 反坦克火箭筒）。此外，BMP-2 还能以 7～8 千米/小时的速度在水上行驶（用履带伐水推进），其余和 BMP-1 大体相同。

BMP-3 步兵战车
BMP-3 步兵战车车身和炮塔是铝合金焊接结构，一些重要部分加入了其他钢材以加强强度和刚性。BMP-3 动力组件由 BMP-1、BMP-2 的在车头改为在车尾，为了乘员进出而在车尾加上 2 道有脚踏的车门，为此动力组件造得扁平以降低高度，所以 BMP-3 乘员进出的便利性不及 BMP-1、BMP-2。

苏联/俄罗斯 BTR-80 装甲运兵车

俄罗斯二线部队训练用 BMP-1 步兵战车

BTR-80 是苏联设计生产的装甲车，主要用于人员输送，于 1984 年开始装备军队，1987 年 11 月在莫斯科举行的阅兵式上首次公开露面。

BTR-80 装甲运兵车的炮塔顶部可 360 度旋转，其上装有 1 挺 14.5 毫米 KPVT 大口径机枪，辅助武器为 1 挺 7.62 毫米 PKT 并列机枪。车内可携带 2 枚 9K34 或 9K38 "针" 式单兵防空导弹和 1 具 RPG-7 式反坦克火箭筒。该车可水陆两用，水上靠车后单个喷水推进器推进，水上速度为 9 千米/小时。当通过浪高超过 0.5 米的水障碍时，可竖起通气管不让水流进入发动机内。此外，它还有防沉装置，一旦车辆在水中损坏也不会很快下沉。

陆地行驶的 BTR-80 装甲运兵车

BTR-80 装甲运兵车从水中上岸

基本参数
长度：7.7米
宽度：2.9米
高度：2.41米
重量：13.6吨
最大速度：90千米/小时
最大行程：600千米

苏联 BTR-152 装甲运兵车

BTR-152 为二战后苏联第一代装甲运兵车，大体上是由卡车底盘和装甲车身改装而成。20 世纪 60 年代中期，它逐渐被 BTR-60 装甲车所取代。

BTR-152 装甲车采用焊接装甲板，车体为开放式，动力为 1 台 110 马力的 ZIL-123V 发动机，一次可运输 17 名全副武装士兵。该车有数十个变型版本，其中以 BTR-152B1 为例，它的车前装有绞盘（绞盘拉力为 49 千牛，钢绳长 70 米），并有内置式气道管路的中央轮胎充放气系统和红外驾驶灯，其他方面则与基础型 BTR-152 相差无几。

BTR-152 装甲运兵车示意图

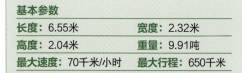

基本参数	
长度：6.55 米	宽度：2.32 米
高度：2.04 米	重量：9.91 吨
最大速度：70 千米/小时	最大行程：650 千米

BTR-152 装甲运兵车侧面

在以色列服役的 BTR-152 装甲运兵车

【战地花絮】

二战后，苏联先后研制了若干种轮式装甲车。由于它们造价低，故装备数量不断增加。最初的两种车型是利用卡车底盘制造的 BTR-40 和 BTR-152，这两种车没有炮塔，结构也比较简单，可以描述为敞篷卡车式装甲车。一直到 20 世纪 60 年代，它们才安装了顶甲板，另外部分 BTR-152 采用了中央轮胎压力控制系统。

德国 SdKfz 250 半履带装甲车

SdKfz 250（Sonderkraftfahrzeug 250）是由德国德马格公司设计生产的，于1939年被德军采用作为制式的半履带装甲车。

SdKfz 250 半履带装甲车是利用德马格公司车重仅1吨的D7型半履带式输送车底盘研制的，行动部分的前部是轮式，后部为履带式。履带部分占车辆全长的3/4，车体每侧有4个负重轮，比D7少1个，从而缩短了底盘的长度。主动轮在前，诱导轮在后，负重轮交错排列。履带是金属的，每条履带由38块带橡胶垫的履带板组成。该车和当时德国其他半履带车辆一样，采用一种新的转向方法，即在公路上行驶时，只需操纵方向盘，利用前轮来转向。

SdKfz 250 装甲车示意图

基本参数	
长度：4.56米	宽度：1.95米
高度：1.66米	重量：5.8吨
最大速度：76千米/小时	最大行程：320千米

德国士兵与 SdKfz 250 装甲车

迷彩涂装的 SdKfz 250 装甲车

德国 SdKfz 251 半履带装甲车

SdKfz 251 是德国二战时期的一款半履带装甲车，于 1939 年正式批量生产，截至 1945 年共生产 16000 辆左右，它们几乎参加了二战中后期所有重大战斗。

SdKfz 251 半履带装甲车的半履带结构使维修和保养比较复杂，也大大增加了非战斗损耗。公路上的行进效果比不上轮式车辆，在泥泞等复杂地形上又不如坦克，而且其前轮不具备动力，也无刹车功能，只负责转向导向。

基本参数	
长度：	5.80米
宽度：	2.10米
高度：	1.75米
重量：	7.81吨
最大速度：	52千米/小时
最大行程：	300千米

SdKfz 251 半履带装甲车示意图

二战期间被波兰虏获的 SdKfz 251 半履带装甲车

德军士兵与 SdKfz 251 半履带装甲车

博物馆中的 SdKfz 251 半履带装甲车

德国"野犬"全方位防护运输车

"野犬"（Dingo）全方位防护运输车是由德国克劳斯-玛菲·威格曼（Krauss-Maffei Wegmann）公司设计生产的，是德国国防军现役军用装甲车，此外还在其他国家服役，其中包括奥地利、比利时等。

"野犬"式全方位防护运输车，顾名思义，它具有良好的防卫性能，能够承受恶劣的路况、机枪扫射和小型反坦克武器的攻击，并装备1挺7.62毫米遥控机枪，该武器也可以用HK GMG自动榴弹发射器取代。

基本参数	
长度：	6.08米
宽度：	2.3米
高度：	2.5米
重量：	11.9吨
最大速度：	90千米/小时
最大行程：	1000千米

【战地花絮】
2005年6月3日，一辆隶属德国国防军的"野犬"在波斯尼亚进行巡逻时遭受一枚6千克反坦克地雷攻击，但车内乘员安然无恙。

"野犬"全方位防护运输车背面

"野犬"全方位防护运输车侧面

德国士兵与"野犬"全方位防护运输车

德国"美洲狮"步兵战车

"美洲狮"(Puma)是德国正在研制的一款步兵战车,除了传统意义上的步兵战车功能外,它还可以通过模块化的设计形成车族化、系列化,在网络中心作战中形成对敌立体、全面、多角度的打击。"美洲狮"步兵战车是一个全新的作战系统。

"美洲狮"步兵战车的主要武器是1门30毫米MK30-2/ABM机关炮,它具有极高的安全性和命中概率,即使在高速越野的情况下仍然具有很高的射击精度。该炮采用双路供弹,可发射的弹药主要有尾翼稳定曳光脱壳穿甲弹(APFSDS-T)和空爆弹(ABM),通常备弹200发。空爆弹的打击范围很广,包括步兵战车及其伴随步兵、反坦克导弹隐蔽发射点、直升机和主战坦克上的光学系统等。

"美洲狮"步兵战车示意图

基本参数	
长度:7.4米	宽度:3.7米
高度:3米	重量:31.5吨
最大速度:70千米/小时	
最大行程:600千米	

"美洲狮"步兵战车涉水测试

"美洲狮"步兵战车越野测试

"美洲狮"步兵战车侧面

德国 UR-416 装甲运兵车

UR-416 是德国研制的一种轮式装甲运兵车辆，该车被世界多个国家和地区采用。该车特点是通过性好、速度快、寿命长、噪声低。1969 年投产，其后已制造超过 1000 辆。

UR-416 装甲运兵车的车体为全焊接钢板结构，可有效防御小口径枪弹的攻击，并对地雷和炮弹破片具备一定的防护力。在轮胎的外缘包有金属板，即便轮胎被击中损坏依然可依靠金属板行驶。UR-416 装甲运兵车的顶部有一个圆形的舱口，有 1 挺带有护板的 7.62 毫米机枪。

基本参数
长度：5.80米
宽度：2.10米
高度：1.75米
重量：7.81吨
最大速度：52.5千米/小时
最大行程：300千米

参展中的 UR-416 装甲运兵车

搭载士兵的 UR-416 装甲运兵车

法国 VBCI 步兵战车

VBCI 是法国新一代轮式步兵战车，于 2008 年进入现役，可以由 A400M（四涡轮旋桨发动机运输机）运输，具有良好的战略机动性。此外，它具备与主战坦克接近的机动性与越野性，作战性能非常优秀。

VBCI 步兵战车对乘员和军队提供多种威胁保护，包括 155 毫米炮弹碎片和小 / 中等口径炮弹等。它的铝合金焊接车体，配备有装甲碎片衬层和附加钛装甲护板，以阻止反坦克武器。框结构底盘和驱动装置提供对爆炸地雷的防护。该车有极强的机动性，能够在例如 60 度前进斜度、30 度侧斜度、2 米沟渠和 0.7 米梯状地带等地形恶劣地区行进。此外，如果 1 个车轮被地雷损坏，车辆能使用剩余的 7 个车轮驱使。

基本参数
长度：7.6 米
宽度：2.98 米
高度：3 米
重量：25.6 吨
最大速度：100 千米/小时
最大行程：750 千米

军演中的 VBCI 步兵战车

急速行驶中的 VBCI 步兵战车

VBCI 步兵战车近景特写

法国 VBL 装甲车

VBL 是法国自制的一种装甲车，在战场上担任的角色类似于美军"悍马"装甲车。自 1990 年开始制造第一辆 VBL 装甲车至今，总共有超过 2000 辆 VBL 装甲车被投放到法国国内及海外市场。除法国外，至少有 15 个国家装备了该型装甲车。

VBL 装甲车车顶上安装有可 360 度回旋的枪架和枪盾设置，能安装多种轻/重机枪（如 FN Minimi 轻机枪、勃朗宁 M2 重机枪等）。该车虽然有装甲，但是重量不到 4 吨，具有很强的战略机动性。此外，它的体积也很小，便于空运，具有很强的运输性。

VBL 装甲车示意图

基本参数
长度：3.8米	宽度：2.02米
高度：1.7米	重量：3.5吨
最大速度：95千米/小时	
最大行程：600千米	

雪地中的 VBL 装甲车

沙地中的 VBL 装甲车

法国军队中的 VBL 装甲车（右）

法国 AMX-VCI 步兵战车

AMX-VCI 是法国霍奇基斯（Hotchkiss）公司研制的步兵战车，于 1955 年完成第一辆样车，1957 年在罗昂制造厂投产，在法国陆军中一直服役到 20 世纪 70 年代。截至 2021 年，该车仍在阿根廷、印度尼西亚、卡塔尔等国服役。

AMX-VCI 步兵战车的车体分为 3 个舱室，驾驶舱和动力舱在前，载员舱居后。车体前部左侧是驾驶员席，右侧是动力舱。炮手和车长座位均在载员舱内，分别位于舱内的左边与右边。载员舱可背靠背乘坐步兵 10 人，并可通过向外开启的两扇后门出入。每侧有 2 个舱口，舱盖由上下两部分组成，每个舱盖的下部分有 2 个射孔。

AMX-VCI 步兵战车示意图

基本参数
长度：5.7 米　宽度：2.67 米
高度：2.41 米　重量：15 吨
最大速度：60 千米/小时
最大行程：440 千米

运输车上的 AMX-VCI 步兵战车

拆除炮塔的 AMX-VCI 步兵战车

军械展览馆中的 AMX-VCI 步兵战车

法国 AMX-10P 步兵战车

AMX-10P 是法国陆军装备的步兵战车，其研制始于 1965 年，在 1972 年开始生产，截至 1985 年共生产了 1680 辆。除了法国外，最大的用户是沙特阿拉伯（总共有 600 辆）。

AMX-10P 步兵战车的主要武器是 1 门 20 毫米 M693 机关炮，采用双向单路供弹，并配有连发选择装置，但没有炮口制退器。弹药基数为 325 发，其中燃烧榴弹 260 发，脱壳穿甲弹 65 发。该炮对地面目标的最大有效射程为 1500 米，使用脱壳穿甲弹时在 1000 米距离处的穿甲厚度为 20 毫米；辅助武器为 1 挺 7.62 毫米机枪，位于主炮的右上方，最大有效射程为 1000 米，弹药基数为 900 发。

AMX-10P 步兵战车示意图

翻越沟堑的 AMX-10P 步兵战车

从水中登陆的 AMX-10P 步兵战车

阅兵仪式中的 AMX-10P 步兵战车

基本参数

长度：5.79米	宽度：2.78米
高度：2.57米	重量：14.5吨
最大速度：65千米/小时	
最大行程：600千米	

【战地花絮】

2004 年，为了维持 AMX-10P 步兵战车的战斗力，避免新式的 8×8 轮式 VBCI 步兵战车研制成功前出现"青黄不接"的局面，法国陆军对 AMX-10P 步兵战车展开了升级计划，例如在车尾加装了喷水推进器，这令 AMX-10P 也可以在水中行驶。

英国"撒拉森"装甲车

在20世纪50年代初期的马来西亚危机中,英军认清自己引以为傲的战车其实已经无法适应战场了。基于此,英国阿尔维斯(Alvis)汽车公司为英军量身打造了一款装甲战斗车辆——"撒拉森"(Saracen)装甲车。目前该车仍在英国陆军中服役。

"撒拉森"装甲车为6×6轮式设计,装有劳斯莱斯B80 Mk.6A 8汽缸汽油发动机,装甲厚16毫米,连同驾驶员和车长共可载11人,车体上装有小型旋转炮塔,炮塔上有1挺L3A4(M1919)同轴机枪,另有1挺用于平射及防空的布伦轻机枪。

"撒拉森"装甲车侧面

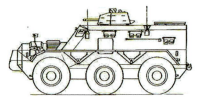
"撒拉森"装甲车示意图

基本参数	
长度:4.8米	宽度:2.54米
高度:2.46米	重量:11吨
最大速度:72千米/小时	最大行程:400千米

"撒拉森"装甲车背面

野外执行任务的"撒拉森"装甲车

英国"袋鼠"装甲车

"袋鼠"装甲车是二战时期英国军队所使用的一款装甲战斗车辆,主要用于人员输送。"袋鼠"装甲运兵车曾被用在1944年8月8日卡昂的加总行动,为英国陆军第79装甲师属下的加拿大第1装甲运输团运送大量士兵。

"袋鼠"装甲车的防护能力非常好,最大装甲厚度足足有152毫米。车体后部的动力舱由隔板与战斗室隔开,发动机位于中央,两侧是散热器和燃油箱,最后部是变速箱和风扇。

基本参数	
长度:7.4米	宽度:3.3米
高度:2.5米	重量:35吨
最大速度:24千米/小时	
最大行程:90千米	

【战地花絮】
第一批"袋鼠"装甲运兵车诞生于1944年6月6日,当时第3步兵师炮兵团的102辆牧师自走炮被拖曳式QF 25磅炮取代,所以在代号为"袋鼠"的战地工场将其现场改装,拆除榴弹炮并重新焊上车头装甲板,因此将其命名为"袋鼠"装甲运兵车。

参加展览的"袋鼠"装甲车

"袋鼠"装甲车前方特写

英国"瓦伦丁"步兵战车

"瓦伦丁"是英国于二战期间生产的一款步兵战车。该型战车的 11 种改良型及各种特殊型号总产量超过 8000 辆,占英国战时生产战车总数的 1/4。

"瓦伦丁"步兵战车可分为三个部分,即驾驶舱,战斗舱及引擎舱。驾驶员坐在车身中线上,其左上方及右上方有进出舱门。驾驶员可利用正前方的窥视孔或窥视孔两侧的潜望镜对外观察。驾驶舱后为狭窄的战斗舱。大部分"瓦伦丁"步兵战车(Mk III 及 Mk V 例外)采用双人炮塔而非作战效率较高的三人炮塔,且空间十分有限,使英军不甚满意。双人炮塔中,左侧为炮手。

基本参数	
长度:5.41米	宽度:2.63米
高度:2.27米	重量:16吨
最大速度:24千米/小时	最大行程:140千米

行驶中的"瓦伦丁"步兵战车

参加展览的"瓦伦丁"步兵战车

英国"萨拉丁"装甲车

"萨拉丁"轮式装甲车为6×6轮式战车，1959年起装备英国军队，并出口到近20个国家，总生产量为1177辆。

"萨拉丁"装甲车为全焊接钢车体，驾驶舱在前部，战斗舱居中央，动力舱在后部。驾驶员位于车前部，大倾角装甲车身，炮塔在中央，引擎在后部。引擎顶部有六个矩形挡板，车体后部上半部分装甲与地面垂直，下半部分向内倾斜至车底，圆柱形消音器在车尾右侧；车体两侧各有三个等距车轮，与撒拉逊装甲人员运输车不同；炮塔侧面平展，后部与地面垂直，安装有76毫米短管火炮，7.62毫米机枪在车顶右侧，电缆卷筒在炮塔。

基本参数	
长度：4.93米	宽度：2.54米
高度：2.39米	重量：11.6吨
最大速度：72千米/小时	最大行程：400千米

经过伪装的"萨拉丁"装甲车

"萨拉丁"装甲车侧面特写

参加展览的"萨拉丁"装甲车

加拿大 LAV-3 装甲车

LAV-3 装甲车（LAV Ⅲ）是加拿大军队的主要战车之一。LAV-3 装甲车有着极其优秀的生存能力、机动性和火力，并且引入双 V 型车体技术，附加装甲防护和减振座椅，为乘员提供更高的防御地雷、简易爆炸装置及其他威胁的能力。

LAV-3 装甲车车体炮塔均采用装甲钢焊接结构，正面能防 7.62 毫米穿甲弹，其他部位能防 7.62 毫米杀伤弹和炮弹破片。主战武器采用德尔科（Delco）公司的双人炮塔，装有 1 门麦克唐纳·道格拉斯直升机公司的 25 毫米链式炮。辅助武器有 7.62 毫米的 M240 并列机枪和 M60 机枪各 1 挺。炮塔两侧各有 1 组 M257 烟幕弹发射器，每组 4 具。主炮有双向稳定器，便于越野时行进间射击。

基本参数	
长度：	6.98米
宽度：	2.7米
高度：	2.8米
重量：	16.95吨
最大速度：	100千米/小时
最大行程：	450千米

行驶中的 LAV-3 装甲车

LAV-3 装甲车前方特写

加拿大 LAV-25 装甲车

LAV-25 是加拿大通用汽车公司为美军设计的一款装甲车，是 LAV-3 装甲车的前身，由通用地面系统公司制造。美军签订的第一份合同的总采购量为 969 辆，其中陆军 680 辆，海军陆战队 289 辆。第二批订货为 1983 财政年度的 170 辆，其中海军陆战队 134 辆，陆军 36 辆。

LAV-25 装甲车有多种型号，其中包括 LAV A1/A2（步兵型）、LAV-AT（反战车型）和 LAV-M（迫击炮型）等。这些装甲车能依靠美军现用的运输机、直升机进行空运或空投。不同的型号，其设计也有所不同，比如 LAV A1/A2（步兵型），它没有炮塔，但所配备的装甲较其他车型而言略厚实，可保护步兵免受普通弹药的伤害。

LAV-25 装甲车示意图

基本参数	
长度：6.39米	宽度：2.5米
高度：2.69米	重量：12.8吨
最大速度：100千米/小时	最大行程：660千米

LAV-25 装甲车侧面特写

正在执行作战的 LAV-25 装甲车

LAV-25 装甲车前侧方特写

澳大利亚"大毒蛇"装甲运兵车

"大毒蛇"(Bushmaster)装甲运兵车是由澳大利亚泰勒斯(Thales)公司设计的,主要用于将步兵运送到战场上。该车于1997年开始服役,澳大利亚陆军、荷兰皇家陆军和英国陆军均有采用。

"大毒蛇"装甲车最多能够运载10名士兵,搭载其装备和食物可行走3天。它的装甲能够抵御7.62毫米口径的枪击,底部的V形单壳设计,能将强大的地雷爆炸威力向外反射开去,借此保障车内人员的安全。

"大毒蛇"装甲运兵车示意图

基本参数	
长度:7.18米	宽度:2.48米
高度:2.65米	重量:12.4吨
最大速度:100千米/小时	最大行程:800千米

战地中的"大毒蛇"装甲运兵车

运输士兵的"大毒蛇"装甲运兵车

战车编队中的"大毒蛇"装甲运兵车(最右)

意大利"达多"步兵战车

"达多"(Dardo)步兵战车以其精湛的设计和优良的性能使意大利陆军终于拥有了同西方盟国同等水平的步兵战车,使意大利陆军的装甲武器在很短时间内摘掉了陈旧落后的帽子,一跃成为拥有世界一流装甲车辆的陆军之一。

"达多"步兵战车的主要武器是1门厄利空–比尔勒公司的25毫米KBA–BO2型机关炮,采用双向供弹,可发射脱壳穿甲弹和榴弹,弹药基数为400发。该炮的俯仰角度为–10度~+60度,战斗射速为600发/分;主炮旁边是1挺7.62毫米MG42/59并列机枪,弹药基数为1200发。

"达多"步兵战车示意图

基本参数	
长度:6.7米	宽度:3米
高度:2.64米	重量:23.4吨
最大速度:70千米/小时	
最大行程:600千米	

"达多"步兵战车

"达多"步兵战车侧面

行驶中的"达多"步兵战车

野外执行任务的"达多"步兵战车编队

意大利"半人马"装甲车

"半人马"是由意大利研发的一款装甲车,其设计侧重于防御和反战车,因此它有较高的火力、出色的航程和越野力、电脑化火力控制。

"半人马"装甲车的主要武器是105毫米火炮,炮塔上一次可装14发弹药,车内另有26发。副武器是7.62毫米同轴机枪和车顶7.62毫米防空机枪,可装4000发弹药。车上的瞄准具是Galileo Avionica TURMS火控系统和鼻端参考系统、全数位弹道电脑。炮手的瞄准器非常稳定并有热成像仪和激光测距仪,车长控制台装有全景式稳定视窗,增强夜视镜和1具显示器可以显示炮手热成像看到的景观。这些设备使"半人马"在日夜间都能锁定不动或移动的目标。

"半人马"装甲车示意图

基本参数	
长度:7.85米	宽度:2.94米
高度:2.73米	重量:24吨
最大速度:108千米/小时	
最大行程:800千米	

码头上的"半人马"装甲车

"半人马"装甲车背部视角

南非"蜜獾"步兵战车

桑多克-奥斯特拉(Sandock Austral)公司根据南非军方的要求于1976年研制出装备20毫米机关炮的"蜜獾"(Ratel)20步兵战车,1979年又研制出装备90毫米火炮的"蜜獾"90步兵战车,最后生产的则是装备60毫米迫击炮的"蜜獾"60步兵战车。

"蜜獾"步兵战车从20世纪80年代起就参加了南非对安哥拉的战争,是世界上最早经历过实战考验的步兵战车之一。它有3种主要车型,所装载的武器各不相同,以"蜜獾"90为例,其主要武器是1门90毫米半自动速射炮,高低射界为-8度~+15度,方向射界为360度,但只能在285度的范围内打俯角。

急速行驶中的"半人马"装甲车

"蜜獾"步兵战车(90毫米火炮)

"蜜獾"步兵战车示意图

基本参数
长度:7.21米　宽度:1.2米
高度:1.2米　重量:19吨
最大速度:105千米/小时
最大行程:1000千米

"蜜獾"步兵战车(20毫米机关炮)

野外战斗的"蜜獾"步兵战车(60毫米迫击炮)

"蜜獾"步兵战车(90毫米火炮)战斗群

南非"大山猫"装甲车

"大山猫"(Rooikat)装甲车主要用来执行战斗侦察任务,所以也有人称它为"大山猫"轮式侦察车。第一批量产车完成于1989年,"大山猫"第一次装备部队是在1990年。"大山猫"装甲车的快速行驶能力和远程机动能力也是相当出色的。它是一代地面战斗车辆的典范,能够执行攻击性的搜寻与摧毁任务,而且适应性极强,机动力特别高。

"大山猫"装甲车车体前上装甲板几乎水平,其上部中央有驾驶员舱门,水平车顶后部是突起的动力舱;车尾垂直。炮塔在车辆中部,其正面水平,侧面略内倾,枪身较长的76毫米火炮具备隔热护套和清烟器,悬于车前。车体两侧各有四个大型负重轮,第二个和第三个负重轮的间隔较大,车体上部略内倾,车体两侧第二个和第三个负重轮之间各有逃生舱门。

基本参数	
长度:7.19米	宽度:2.9米
高度:2.8米	重量:28吨
最大速度:120千米/小时	最大行程:1000千米

"大山猫"装甲车前侧方特写

对外展览的"大山猫"装甲车

"大山猫"装甲车侧面特写

西班牙"瓦曼塔"装甲车

"瓦曼塔"装甲车是由西班牙UROVESA公司设计生产的一款军用车辆,从1999年至2003年间生产了2100辆以上,目前"瓦曼塔"装甲车仍在数十个国家的军警中服役。

"瓦曼塔"装甲车由4轮驱动,越野能力尤为突出,整体结构模仿自HMMWV装甲车。该车可以装载各种各样的武器,其中包括机枪、榴弹发射器、反坦克导弹、81毫米迫击炮、M40无后坐力炮和轻型防空导弹等。

"瓦曼塔"装甲车示意图

基本参数	
长度:4.8米	宽度:2.1米
高度:1.9米	重量:2吨
最大速度:135千米/小时	最大行程:600千米

"瓦曼塔"装甲车在公路上行驶

灰色涂装的"瓦曼塔"装甲车

以色列"阿奇扎里特"装甲车

"阿奇扎里特"是以色列国防军研发的一款装甲车,主要用于人员的输送,一次可载7人。"阿奇扎里特"主要服役于接近黎巴嫩边境的戈兰尼旅及西岸北部的吉瓦提步兵旅。在2004年"彩虹"行动中拉法赫的以军M113装甲运兵车被火箭推进榴弹(RPG)击毁后,他们把比M113有更高防护力的"阿奇扎里特"装甲车投入战场以增强作战能力。

"阿奇扎里特"装甲车装有Rafael车顶武器系统(OWS,Overhead Weapons Station),这种遥控武器系统由以色列拉斐尔(Rafael)公司开发,可在车内操控。进入21世纪后,以军为该装甲车安装更为先进的装甲,进一步增强了它的防护能力。

基本参数
长度:6.2米
宽度:3.6米
高度:2米
重量:44吨
最大速度:65千米/小时
最大行程:600千米

急速行驶的"阿奇扎里特"装甲车

参与作战任务的"阿奇扎里特"装甲车

以色列"沙猫"装甲车

"沙猫"(Sand Cat)是以色列帕拉萨尼(Plasan)/奥什科什(Oshkosh)公司设计的一款装甲车,由福特F-450系列卡车改装而来,适用于轻度战争区域。

"沙猫"装甲车为一种轻型8人装甲车,以色列在其基础上研发出了Guardium MK3无人遥控装甲车。2006年,中美洲卡车展上"沙猫"装甲车公开亮相。2007年,帕拉萨尼/奥什科什公司推出了"沙猫"升级版(主要是加强核生化防护和灭火装置)。2008年美国奥什科什公司也开始通过授权生产"沙猫",并有若干小改装。

基本参数
长度:2.87米
宽度:2.03米
高度:2米
重量:4.43吨
最大速度:100千米/小时
最大行程:550千米

"沙猫"装甲车前侧方特写

急速行驶的"沙猫"装甲车

"沙猫"装甲车后侧方特写

土耳其"眼镜蛇"装甲车

20世纪70、80年代,当时美国的"悍马"装甲车在战场上声名赫赫,被众人称之为"越野之王"。土耳其奥拓卡(Otokar)公司也设想着设计一款类似的战车,在参考了其他的同类战车之后,该公司成功地推出了"眼镜蛇"(Kobra)装甲车。该车于1997年开始装备土耳其陆军。

"眼镜蛇"装甲车采用单体构造及V形车壳,能有效对抗轻武器、炮弹碎片及地雷攻击,特别设计的前轮在地雷爆炸时会弹飞以免损坏车壳。该装甲车具有多种衍生型,适合不同任务和用途,其中包括运兵、反坦克、侦察、地面监视雷达、炮兵观测、救护和指挥等。车顶的遥控武器系统通常装备重机枪、20毫米机炮、反坦克导弹或地对空导弹。

基本参数
长度:5.23米
宽度:2.22米
高度:2.1米
重量:6.2吨
最大速度:112千米/小时
最大行程:752千米

军演中的"眼镜蛇"装甲车

急速行驶中的"眼镜蛇"装甲车

"眼镜蛇"装甲车正面

瑞士"食人鱼"装甲车

在当今世界上,瑞士的装甲车研制技术堪称后来居上,尤其是莫瓦格(Mowag)公司的"食人鱼"(Piranha)装甲车,使得瑞士成为拥有装甲车技术的"大国"。"食人鱼"装甲车一出,便得到了各国军方的青睐。

"食人鱼"装甲车安装了底特律6V53TA柴油机。乘员可利用中央轮胎压力调节系统,依据车辆路面行驶状况调节轮胎压力;车内有预警信号装置,当车辆行驶速度超过所选择轮胎压力极限时,预警信号装置便发出报警信号。该车有多个驱动系统,即使地雷炸坏了一个驱动分系统,它也能继续行驶。值得一提的是,"食人鱼"装甲车可水陆两用。

"食人鱼"装甲车示意图

基本参数	
长度:	4.6米
宽度:	2.3米
高度:	1.9米
重量:	3吨
最大速度:	100千米/小时
最大行程:	780千米

轮上安装有防滑链的"食人鱼"装甲车

从水中上岸的"食人鱼"装甲车

阿根廷 VCTP 步兵战车

VCTP 是德国蒂森·亨舍尔公司于 1974 年为阿根廷陆军研制的步兵战车，主要任务是在战场上运载机械化步兵，协同 TAM 主战坦克作战。

VCTP 步兵战车的外形与德国"黄鼠狼"步兵战车相似，采用双人炮塔，机枪位于车后载员舱的顶部。总体布置为驾驶舱和动力舱在前，战斗舱居中，载员舱在后。

载员舱两侧各有 3 个射孔，顶部有 2 个矩形舱门。载员舱内有三防装置和加温装置，前者可为载员舱提供 3 小时的增压空气。另外，该车还有发动机低温启动装置。

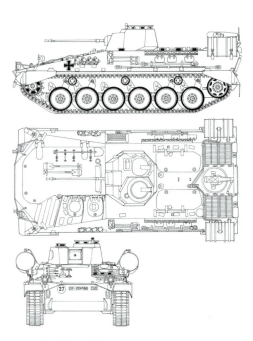

VCTP 步兵战车示意图

基本参数
- 长度：6.79米
- 宽度：2.45米
- 高度：3.28米
- 重量：27.5吨
- 最大速度：75千米/小时
- 最大行程：570千米

在公路上行驶的 VCTP 步兵战车

参加展览的 VCTP 步兵战车

瑞典 CV-90 步兵战车

为了满足作战需要，瑞典军方在 1978 年决定研制一种供军方在 21 世纪初期使用的步兵战车，其成果便是 CV-90 步兵战车。时至今日，CV-90 已发展成履带式装甲战车车族。

CV-90 系列步兵战车都采用相同的配置，驾驶舱位于左前方，动力舱在右方，中间为双人炮塔，载员舱在尾部。为了增大内部空间，大多数出口型车辆尾部载员舱的车顶都设计得稍高。如有需要，该系列战车的总体布置可根据用户要求定制。

基本参数	
长度：6.55米	宽度：3.1米
高度：2.7米	重量：35吨
最大速度：70千米/小时	最大行程：320千米

雪地战场中的 CV-90 步兵战车

急速行驶中的 CV-90 步兵战车

在挪威陆军服役的 CV-90 步兵战车

日本 89 式步兵战车

89 式步兵战车是日本于 20 世纪 80 年代研制的第三代履带式装甲战车,由日本三菱重工(Mitsubishi Heavy Industries)设计生产。它的原型车于 1986 年出厂,经过相关测评于 1989 年服役,目前是日本陆上自卫队的主要装备之一。

二战后,日本共发展了三代履带式装甲战车。第一代是 60 式装甲输送车,第二代是 73 式装甲输送车,第三代便是 89 式步兵战车。日本的军事技术较为发达,从第二代装甲车起就运用了一些新技术,到第三代装甲车则运用更多成熟技术。日本自诩 89 式步兵战车为"世界第一流的"装甲战车,但也有人称它为"世界上最昂贵的"装甲战车。

射击中的 89 式步兵战车

89 式步兵战车正面特写

89 式步兵战车战斗编队

89 式步兵战车示意图

基本参数	
长度:6.7 米	宽度:3.2 米
高度:2.5 米	重量:27 吨
最大速度:70 千米/小时	最大行程:400 千米

日本 LAV 装甲车

LAV 装甲车于 2002 年开始服役，是 21 世纪日本陆上自卫队最新的轻型多用途轮式装甲车。除了可担任常规战争任务外，它还能执行战场侦察、警戒、反恐和特种作战等任务。

从外形上看，LAV 装甲车采用了法国 VBL 装甲车特有的略呈楔形的车身，但比 VBL 多了一对侧门，车内容积也相应地有所增大，能载 4 名乘员，有一定的运兵能力，而 VBL 则是专门的战斗车辆，乘员最多不超过 3 人。该车焊接钢装甲可抵御轻武器和炮弹破片，底部装甲具有一定的防地雷能力，车身上没有射击孔，乘员只能通过车顶的舱门才能使用武器。另外，该车一般不装固定的武器，可选用的武器包括 5.56 毫米机枪和 MAT 反坦克导弹（MAT 是日本最新型第三代单兵便携式反坦克导弹，采用先进的热成像制导技术）。

基本参数	
长度：	4.4 米
宽度：	2.04 米
高度：	1.85 米
重量：	4.4 吨
最大速度：	100 千米/小时
最大行程：	500 千米

发射导弹的 LAV 装甲车

LAV 装甲车侧面

军演中的 LAV 装甲车

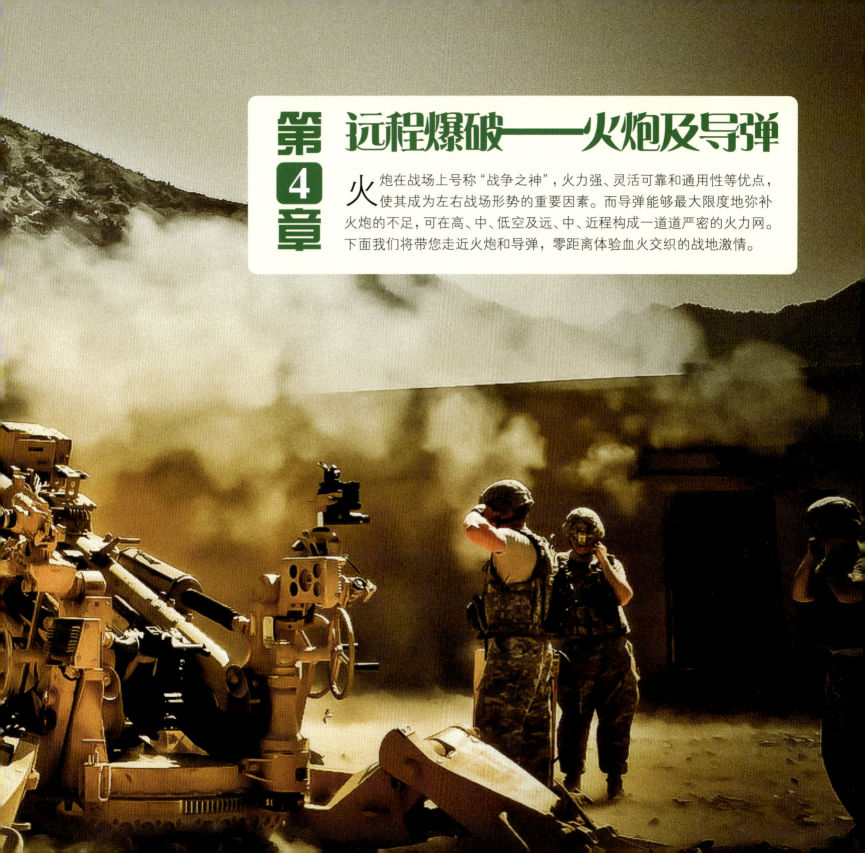

第4章 远程爆破——火炮及导弹

火炮在战场上号称"战争之神",火力强、灵活可靠和通用性等优点,使其成为左右战场形势的重要因素。而导弹能够最大限度地弥补火炮的不足,可在高、中、低空及远、中、近程构成一道道严密的火力网。下面我们将带您走近火炮和导弹,零距离体验血火交织的战地激情。

4.1 夺命后坐力——火炮

美国 M2A1 式 105 毫米榴弹炮

M2A1 式 105 毫米榴弹炮是二战时美军的制式榴弹炮之一。战争期间，它在各战场作为师级支援火力被大量生产，并支援给各个盟邦使用，其廉价、设计简便与火力适中的特性获得炮兵肯定，直至今日有部分国家仍在使用。

M2A1 式 105 毫米榴弹炮自 1941 年开始大规模量产，并支援盟邦作战，到 1953 年美国停产为止，共制造了 10202 门，如果纳入盟邦授权生产，将超越此数字。虽然 M2A1 式 105 毫米榴弹炮的性能与各国同量级火炮相比并不特别突出，但是凭借美国强大的工业实力，它的特点便是结构简单以及零附件容易取得，与美国援助的运输卡车配套让同盟国都享受到了机械化炮兵的机动优势，因此，战后它成为许多国家炮兵的标准装备。

基本参数	
全长：	5.94米
炮管长：	2.31米
口径：	105毫米
重量：	2260千克
最大射速：	16发/分
有效射程：	11270米

M2A1 式 105 毫米榴弹炮侧面

博物馆中的 M2A1 式 105 毫米榴弹炮

美军士兵发射 M2A1 式 105 毫米榴弹炮

美国 M1 75 毫米榴弹炮

M1 榴弹炮是美国于 20 世纪 20 年代研制的 75 毫米榴弹炮，该武器以其出色的山地作战表现在太平洋战争的丛林岛屿战场上起到了相当大的作用。除了供美国陆军和海军陆战队使用外，M1 榴弹炮还利用《租借法案》大量援助其他同盟国。

M1 榴弹炮是一种组合式火炮，运动时可以迅速拆成几个部分便于炮兵携行。全炮仅重 653 千克，威利斯吉普车即可牵引进行公路机动。M1 榴弹炮发射时虽然有炮锄支撑，但发射时的后坐力依旧会使炮跳离地面，所以通常火炮的大架后端会放几包沙袋，减少火炮往上跳的距离和跳动的次数，以便加速退弹和装填下一发弹。

基本参数	
全长：3.68米	炮管长：1.38米
口径：75毫米	重量：653千克
最大射速：6发/分	有效射程：8778米

M1 榴弹炮炮口特写

M1 榴弹炮示意图

M1 榴弹炮侧方特写

M1 榴弹炮后方特写

美国 M2 105 毫米榴弹炮

M2 榴弹炮是美国在二战期间研制的 105 毫米榴弹炮，也是二战期间美军的制式榴弹炮之一，以其廉价、设计简单与火力适中的特性获得炮兵肯定，直至今日仍有国家使用。

M2 榴弹炮采用纵向分离双炮尾拖架和木制车轮，依靠卡车牵引。该炮可发射 M1 高爆弹、M67 反装甲高爆弹、M84 彩烟弹、M84 烟雾弹、M60 烟雾弹、M60 生化弹、M1 训练弹和 M14 训练弹等弹药，最大射程可达 11270 米。虽然 M2 榴弹炮的性能与各国同量级火炮相比没有特别突出，但是伴随美国强大的工业实力，它的特点便是结构简单以及零附件容易取得，与美国援助的运输卡车配套让同盟国都享受到机械化炮兵的机动优势。

基本参数

全长：5.94米	炮管长：2.31米
口径：105毫米	重量：2260千克
最大射速：16发/分	有效射程：11270米

M2 榴弹炮示意图

M2 榴弹炮后方特写

美国士兵正在发射 M2 榴弹炮

美国 M107 自行火炮

M107 自行火炮被世界数十个国家的军队所使用,其中包括德国、西班牙、韩国、希腊和荷兰,足以见得其各方面性能都是当时同类武器中的佼佼者。美军装备的 M107 自行火炮在 20 世纪 70 年代后期退役,随后这些车体大多被改装为 M110 自行火炮。

M107 自行火炮每侧有 5 个负重轮,主动轮在前,由一台 336 千瓦二冲程的带有涡轮增压器和机械增压器的柴油机驱动。涡轮增压器通过一根钢制空心轴与机械增压器相连。驾驶员位于车体的左前部,其右侧是变速箱。炮塔的旋转由液压泵驱动,液压泵的动力来自发动机,也可通过摇柄手动旋转。手动装置的主要作用是用来在战斗中操作火炮,因为液压泵的主要工作是实现火炮的复进,装填炮弹和发射弹药,控制车尾的驻锄。火炮的方位由炮手负责,仰俯角度由副炮手负责。

基本参数	
全长: 6.64米	全宽: 3.15米
全高: 3.47米	重量: 28.3吨
最大速度: 80千米/小时	最大行程: 725千米

在阿以战争中使用的 M107 自行火炮

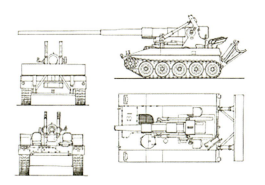
M107 自行火炮示意图

M107 自行火炮前方特写

士兵正在使用 M107 自行火炮

美国 M109 自行火炮

M109 是美国研制的一款自行火炮,于 1963 年开始进入美国陆军服役,为师和旅级部队提供非直射火力支援。

M109 自行火炮的车体结构由铝质装甲焊接而成,全车未采用密闭设计,未配备核生化防护系统,但具备两栖浮游能力。未准备的状况下,它可直接涉渡 1.828 米深的河流;如加装呼吸管等辅助装备,则可以每小时约 6 千米的速度进行两栖登陆作业。M109 自行火炮的主炮采用 1 门 M126 155 毫米 23 倍径榴弹炮,射击高爆榴弹时最大射程为 14600 米,射速 1 发 / 分,冲刺射速则为 3 发 / 分。它的炮塔两侧各有 1 扇舱门,后方有 2 扇舱门供弹药补给使用。

M109 自行火炮示意图

基本参数
全长:9.1米
全宽:3.1米
全高:3.3米
重量:27.5吨
最大速度:56千米/小时
最大行程:350千米

M109 自行火炮前方特写

正在开火的 M109 自行火炮

M109 自行火炮开火时的巨大火焰

美国 M110 自行火炮

M110 是美军研制的一款大口径自行火炮（主炮口径 203 毫米），于 1961 年开始在美军服役。之后由于性能的出众，衍生了许多不同的型号，其中包括 M110A1、M110A2 和 M578 等。

M110 车体为铝合金装甲全焊接结构。驾驶室位于车体的左前部，驾驶员有 3 具潜望镜。变速箱位于车体前部右侧，其后是发动机。车体后部为炮架和火炮，没有炮塔。车体的最后左侧装有装填机，车体后部下方装有大型驻锄，射击时放下，以吸收射击时的后坐能量。除了主炮以外，M110 与 M107 结构大致相同，为了符合空运需求也严格限制其重量，采用了开放式炮塔。

M110 自行火炮示意图

M110 自行火炮随士兵参与训练

美军 M110 炮兵连

基本参数

全长：10.73米
全宽：3.15米
全高：3.15米
重量：28.35吨
最大速度：54.7千米/小时
最大行程：500千米

M110 自行火炮前侧方特写

正在开火的 M110 自行火炮

美国 M142 自行火炮

M142 是美国陆军和海军陆战队最新型的自行火炮之一,拥有出色的作战性能,能够提供 24 小时全天候的火力支援。

M142 自行火炮主要由 M270 火箭炮的一组六联装定向器、M1083 系列 5 吨级中型 6×6 战术车辆底盘、火控系统和自动装填装置组成,其火控系统、电子和通信设备均可与美国 M270A1 多管火箭炮通用,乘员及其训练也相同。战术车辆底盘后部安装了一个发射架,发射架上既可装配一个装有 6 发火箭弹的发射箱,也可以装配一个能装载和发射 1 枚陆军战术导弹的发射箱。此外,M142 自行火炮适于使用系列多管火箭炮系统(MLRS)火箭弹,含陆军战术导弹系统(ATACMS)和制导型多管火箭炮系统火箭弹。

M142 自行火炮示意图

基本参数
全长:7米
全宽:2.4米
全高:3.2米
重量:10.9吨
最大速度:85千米/小时
最大行程:480千米

M142 自行火炮前方特写

M142 自行火炮驶出运输机

正在开火的 M142 自行火炮

美国 M198 式 155 毫米榴弹炮

M198 式 155 毫米榴弹炮于 1979 年开始首批生产，并于同年正式在美军服役。主要用户为美国陆军和美国海军陆战队，此外，厄瓜多尔、洪都拉斯和黎巴嫩等国也有装备。

M198 式 155 毫米榴弹炮采用传统结构，由 M199 式炮身、M45 式反后坐装置、瞄准装置和 M39 式炮架四大部分组成。由于大量采用轻金属，上架、箱形大架和座盘都用铝合金制造，使全炮重量减轻。炮尾装有一个用三种颜色表示炮管受热情况的警报器，炮手可根据颜色情况调节发射速度，避免炮管过热。当炮管温度超过 350 摄氏度时，发出警报，此时应立即停止射击。

基本参数	
全长：	11米
炮管长：	6.1米
口径：	155毫米
重量：	7154千克
最大射速：	4发/分
有效射程：	30000米

M198 式 155 毫米榴弹炮发射的瞬间

美军士兵在阵地安装 M198 式 155 毫米榴弹炮

战斗中的 M198 式 155 毫米榴弹炮

美国 M224 式 60 毫米迫击炮

M224 式 60 毫米迫击炮结构简单、性能可靠，是美国陆军装备的最新型的小口径迫击炮之一。它的研发始于 1971 年，设计目标是替换二战中所使用的 M2 迫击炮等老旧型号，1978 年开始生产，1979 年装备美军步兵连、空中突击连和空降步兵连。

M224 式 60 毫米迫击炮可以在支座或单手持握两种状态下使用，握把上还附有扳机，当发射角度太小，依靠炮弹自身重量无法触发引信时就可以使用扳机来发射炮弹。在外观上，M224 式 60 毫米迫击炮最明显的识别特征为：身管后半部有散热螺纹，前半部光滑；采用两脚架，中心连杆通过较长的横托架与炮身相连。

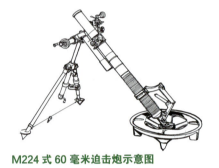

M224 式 60 毫米迫击炮示意图

基本参数
全长：1.18米
炮管长：1米
口径：60毫米
重量：21.1千克
炮口初速：213米/秒
最大射速：30发/分
有效射程：3490米

美军士兵在校正 M224 式 60 毫米迫击炮

美军士兵正在安装 M224 式 60 毫米迫击炮

M224 式 60 毫米迫击炮发射瞬间

美国 M270 火箭炮

M270 火箭炮由美国沃特（Vought）公司设计和生产，20 世纪 70 年代开始研制，1983 年装备美军。自 M270 火箭炮在美军服役后，北约多个成员国也相继开始采用，它逐渐成为北约的制式武器，在多场局部战争中都有出现。

M270 火箭炮是基于旧有的综合支援火箭系统而设计的，常常被称为"M270 机动式火箭炮"（Self-propelled Loader/Launcher，简称 SPLL），它由 3 个系统组成：M269 式装填发射器、电动火控系统和 M993 式运输车。M270 火箭炮能够于 40 秒内全数射出总共 12 枚火箭或 2 枚 ATACMS 导弹，而这 12 枚火箭能够完全轰击的范围达 1 平方千米，效果类同集束炸弹。M270 火箭炮每发射 1 枚弹药，火控计算机都能重新瞄准，距离和方向偏差仅为 0.7%。

M270 火箭炮示意图

基本参数	
全长：	6.85 米
全宽：	2.97 米
全高：	2.59 米
重量：	24.9 吨
最大速度：	64.3 千米/小时
最大行程：	640 千米

发射中的 M270 火箭炮

夜晚战斗的 M270 火箭炮

M270 火箭炮战斗小组

美国 M1 型 90 毫米高射炮

M1 型 90 毫米高射炮是美国二战期间最优秀的防空武器之一，与德国 88 毫米高射炮齐名。它一直沿用至 20 世纪 50 年代，后被导弹系统取代。

M1 型 90 毫米高射炮虽然防空不错，但是由于其先天的俯仰角有问题，所以不足以进行平射为步兵提供火力支援。不过，这一问题在其后的改进型上得到了解决，主要改进了支架和电力辅助装置，这让该炮和德国的 88 毫米高射炮一样，不但能攻击空中目标，也能对装甲目标进行平射。

岸炮版 M1 型 90 毫米高射炮示意图

M1 型 90 毫米高射炮前侧方特写

美军阵地中安装于 M26 "潘兴" 坦克上的 M1 型 90 毫米高射炮

博物馆中的 M1 型 90 毫米高射炮

基本参数
全长：4.73 米
炮管长：4.49 米
口径：90 毫米
重量：8600 千克
最大射速：25 发/分
有效射程：17800 米

苏联/俄罗斯 2S4 "郁金香树" 自行火炮

2S4 "郁金香树"（2S4 Tulip Tree）是苏联研制的一款自行火炮，于 1975 年在苏联陆军服役。

2S4 "郁金香树" 自行火炮采用 GMZ 装甲布雷车的底盘，车体由钢板焊接而成，并强化抗弹能力，以防御小口径武器和炮弹破片。驾驶员和车长位于车辆左前方的驾驶舱，右前方则为动力舱，车体后半部为乘员/战斗舱。它还配备 1 个可 360 度旋转的顶塔，并加装 1 挺 7.62 毫米机枪和 1 具红外线探照灯。主炮装置在车体后半部，需要 3 个人配合才能操作。

基本参数	
全长：	8.5米
全宽：	3.2米
全高：	3.2米
重量：	30吨
最大速度：	62千米/小时
最大行程：	420千米

2S4 "郁金香树" 自行火炮前侧方特写

2S4 "郁金香树" 自行火炮后侧方特写

苏联/俄罗斯 2S5"风信子"自行火炮

2S5"风信子"自行火炮是苏联于20世纪70年代研制的152毫米自行加农炮，是苏联在冷战后期的重要武器之一，主要用于毁伤战术核武器、火炮、指挥所、雷达站和防空兵阵地、有生力量以及后方目标和野外防御工事等。

2S5自行火炮采用GMZ装甲布雷车作为底盘，车体由钢板焊接而成。2S5的动力系统采用1台4缸涡轮增压引擎，可使用多种燃料。在整体结构上，2S5与美军的M107和M110自行火炮相似，故缺点也相同。例如，战斗室缺乏装甲防护，炮兵在操炮时容易遭到敌方火力杀伤；非密闭式车体，缺乏核生化防护能力；方向射界狭窄（仅左右各15度），对战术运用极为不利。

2S5自行火炮示意图

基本参数	
全长：	8.33米
全宽：	3.25米
全高：	2.76米
重量：	28.2吨
最大速度：	62千米/小时
最大行程：	500千米

供展览的2S5自行火炮

2S5自行火炮进行军事演习

2S5自行火炮后方特写

苏联 M1938 式 122 毫米榴弹炮

M1938 式 122 毫米榴弹炮，又名 M-30 式榴弹炮，是二战中苏联红军师级作战单位的主力支援火炮，曾是苏军中口径曲射火炮的主力。战争期间德国和芬兰军队也装备了一些缴获来的 M1938 式 122 毫米榴弹炮。

M1938 式 122 毫米榴弹炮采用普通的单筒身管，身管的后半部分套在被筒内，炮口没有制退器。火炮的炮尾与被筒用螺纹连接，炮尾用以安装炮闩。炮闩采用断隔螺纹式结构，靠闩体上的外螺纹直接与炮尾闩室内的螺纹连接，达到封闭后膛的目的。值得注意的是，由于榴弹炮的身管较短，不适合发射初速较高的穿甲弹，因此苏军专门生产了一种 122 毫米空心装药反坦克弹，供 M1938 式使用。

M1938 式 122 毫米榴弹炮示意图

基本参数			
全长：5.9 米		炮管长：2.8 米	
口径：122 毫米		重量：2450 千克	
最大射速：6 发/分		有效射程：11800 米	

苏德战争中的 M1938 式 122 毫米榴弹炮

博物馆中的 M1938 式 122 毫米榴弹炮

苏联 M1938 式 120 毫米迫击炮

M1938 式 120 毫米迫击炮是二战中最成功的武器之一，是二战时期苏联步兵的支柱，也是到现在都没被修改过的少数武器之一。二战后，在一些国家中持续使用至 20 世纪 60 年代。

M1938 式 120 毫米迫击炮由法国 1935 式 120 毫米迫击炮改进而来，堪称世界上第一种现代化的迫击炮。该炮创新性地使用了 3 个主要部件来减轻重量，其底座的设计尤为精巧，其重量正好在步兵人力可能接受的范围内。M1938 式 120 毫米迫击炮的优点很明显，重量远轻于 122 毫米榴弹炮，高射速和攻击隐藏目标的能力，使其成为有效对付敌方人员的武器。该炮还是苏军伞兵和游击队唯一的重型武器，实用价值极高。由于性能出色，德军在缴获 M1938 式后不通过任何改造便直接采用。

基本参数	
炮管长	1.86米
口径	120毫米
重量	280千克
炮口初速	272米/秒
最大射速	10发/分
有效射程	6000米

博物馆中的 M1938 式 120 毫米迫击炮

二战期间的 M1938 式 120 毫米迫击炮

保存至今的 M1938 式 120 毫米迫击炮

德国 leFH18 式 105 毫米榴弹炮

leFH18 式榴弹炮是德国在二战期间研制的 105 毫米轻型榴弹炮，由德国莱茵金属公司在 1929～1930 年间设计开发，并于 1939 年开始在德国国防军服役。其名称中的"le"是德语中"近程"的开头字母，"FH"则是"野战榴弹炮"（Field Howitzer）的意思。

leFH18 式 105 毫米榴弹炮的炮膛机构简单但沉重，配备有液气压缓冲系统。轮毂为木制或钢制，木制型号只能用马匹牵引。尽管这种榴弹炮很难生产，所用炮弹的威力也不如苏联 M-30 榴弹炮，但它仍然是战场上的多面手，在战争中应用于多个战场。

基本参数	
全长：6米	炮管长：2.94米
口径：105毫米	重量：1985千克
最大射速：6发/分	有效射程：10675米

leFH18 式 105 毫米榴弹炮示意图

德军士兵与 leFH18 式 105 毫米榴弹炮

leFH18 式 105 毫米榴弹炮前侧方特写

德国 PzH2000 自行火炮

PzH2000 是德国研制的口径为 155 毫米的自行火炮，是世界上第一种装备部队的 52 倍口径 155 毫米自行火炮，许多北约国家用它替换原有的美制自行火炮。PzH2000 自行火炮主要基于德国陆军现役的"豹"式主战坦克的底盘加以改进，类似二战时期"猎豹"和"猎虎"坦克歼击车的开发方式。

PzH2000 自行火炮的车体前方左部为发动机室，右部为驾驶室，车体后部为战斗室，并装有巨型炮塔。这种布局能够获得宽大的空间。车体的装甲厚度为 10～50 毫米，可抵御榴弹破片和 14.5 毫米穿甲弹。炮塔可加装反应装甲，可有效防御攻顶弹药。另外还有各种防护系统，包括对生、化、核的防护措施。

PzH2000 自行火炮示意图

基本参数	
全长：11.7米	全宽：3.6米
全高：3.1米	重量：55吨
最大速度：60千米/小时	最大行程：420千米

急速行驶的 PzH2000 自行火炮

PzH2000 自行火炮与士兵参与作战训练

正在开火的 PzH2000 自行火炮

德国 sFH18 式 150 毫米榴弹炮

sFH18 式 150 毫米榴弹炮是德国在二战期间研制的，其名称中的"s"是德语中"远程"的开头字母，"FH"则是"野战榴弹炮"（Field Howitzer）的意思。它在二战中作为德军的主力重型野战炮，被称为"常青树"。二战后，大量 sFH18 式 150 毫米榴弹炮作为战利品服役于阿尔巴尼亚、保加利亚与捷克斯洛伐克陆军中，直到 20 世纪 60 年代才逐渐退役。

虽然德军在二战中大量采用 sFH 18 式 150 毫米榴弹炮，但此炮与各国的主力榴弹炮相比，并不能算是优秀装备，苏联榴弹炮的射程便更具优势。由于德国之后研发的新型大口径榴弹炮都不成功，为了增长 sFH18 的射程，德国不得不在 1941 年设计出火箭推进榴弹并配发至前线，sFH18 也因此成为世界上第一款使用火箭推进榴弹的榴弹炮。火箭推进榴弹可以增加 3000 米的射程，不过一方面程序烦琐，另一方面准确率不高，因此配发后不受好评而迅速退出一线。

sFH18 式 150 毫米榴弹炮示意图

sFH18 式 150 毫米榴弹炮战斗群

二战期间德军使用的 sFH18 式 150 毫米榴弹炮

博物馆中的 sFH18 式 150 毫米榴弹炮

基本参数	
全长：7.85米	炮管长：4.5米
口径：150毫米	重量：5530千克
最大射速：4发/分	有效射程：13250米

德国 Nebelwerfer 41 式 150 毫米火箭炮

Nebelwerfer 41 式 150 毫米火箭炮于 20 世纪 30 年代晚期开始研制，1941 年开始装备德军火箭炮营。1942 年，Nebelwerfer 41 在北非被德军广泛使用，后在诺曼底登陆及诺曼底地区解放战役、法国战役、阿登山区、阿登反击战中使用，它发射时让人毛骨悚然的声响给同盟国军队带来极大震撼。

Nebelwerfer 41 式 150 毫米火箭炮的 6 根炮管呈六角形布置，火箭炮炮管内无膛线，为了使火箭弹在炮管内稳定，炮管内有 3 根高 17 毫米的导轨。6 根炮管整体布置在两轮牵引拖车上，火箭发射器的俯仰角为 13 度 ~ 45 度，左右可各旋转 22 度。两轮牵引小车上有支架，射击时要放下来固定，起稳定作用。Nebelwerfer 41 式 150 毫米火箭炮一般用 Sdkfz.11 半履带式装甲车牵引，也可用牵引能力在 1 吨以上的车辆牵引。

Nebelwerfer 41 式 150 毫米火箭炮示意图

基本参数	
炮管长	1.3 米
口径	150 毫米
重量	1130 千克
炮口初速	145 米/秒
炮管数量	6 根
有效射程	2.4 千米

战斗中的 Nebelwerfer 41 式 150 毫米火箭炮

博物馆中的 Nebelwerfer 41 式 150 毫米火箭炮

英国 QF 25 磅榴弹炮

QF 25 磅榴弹炮是英国在 20 世纪 30 年代研制的中小口径榴弹炮，采用传统的以炮弹重量命名的方式命名。它在二战期间被英联邦国家广泛装备和使用，在一些战役中作用巨大，包括著名的阿拉曼战役。

QF 25 磅榴弹炮是英国军队中第一种具有加农炮和榴弹炮两种弹道特点的火炮。它既可以用低初速、高弹道射击遮蔽物后方的目标，也可以用高初速、低伸弹道直射目标。所以有些装备 QF 25 磅榴弹炮的国家也将其称为加农榴弹炮。该炮不用座盘时方向角只有 8 度，这时射击精度很差，通常只在紧急时刻使用。圆形座盘着地是 QF 25 磅榴弹炮的主要射击方式。圆形座盘和弓形箱式炮架配合可以进行 360 度环射，这样可以迅速对付周围的目标。这个特点在山地战中很有用，因为山地很难形成连续的战线，四面八方都可能遭到攻击，所以火力能迅速机动是很重要的。

基本参数	
全长：	4.6米
炮管长：	2.47米
口径：	88毫米
重量：	1633千克
最大射速：	8发/分
有效射程：	12253米

二战期间英军使用 QF 25 磅榴弹炮

博物馆中的 QF 25 磅榴弹炮（两侧视角）

英国 M777 榴弹炮

M777 榴弹炮是英国于 21 世纪初研制的 155 毫米榴弹炮，由英国 BAE 系统公司的全球战斗系统部门（Global Combat Systems Division）制造，可为在城区、丛林以及山地作战的步兵提供火力支援，可以全天时、全天候使用。在阿富汗和伊拉克的实战使用证明了这种榴弹炮的有效性。该炮现已被美国、加拿大、澳大利亚、沙特阿拉伯和印度等国的军队采用。

M777 榴弹炮是世界上第一种在设计中大规模采用钛和铝合金材料的火炮系统，从而使得该炮的重量是常规 155 毫米火炮重量的一半。相较于 M198 榴弹炮，M777 榴弹炮轻巧的外形更容易利用飞机（如 V-22 "鱼鹰"倾转旋翼机或 CH-47 直升机）或卡车搬运，迅速进出战场。所有 2.5 吨级的卡车都能轻易地牵引 M777 榴弹炮，危急时刻甚至连"悍马"越野车也能拉上 M777 榴弹炮快速转移。C-130 运输机可载运的 M777 榴弹炮也比 M198 榴弹炮多，节省了运输成本与转移时间。其小巧的尺寸更有利于平时的收存与搬运。

基本参数

全长：10.7 米	炮管长：5.08 米
口径：155 毫米	重量：3420 千克
最大射速：5 发/分	
有效射程：40000 米	

直升机吊运 M777 榴弹炮

M777 榴弹炮战斗群

英国 L16 式 81 毫米迫击炮

在美军服役的 M777 榴弹炮

L16 式 81 毫米迫击炮是英国于 20 世纪 50 年代研制的 81 毫米迫击炮，被多个国家的军队采用，服役时间很长。该炮曾在 1982 年的英阿马岛战争中使用过，主要用来支援步兵和机械化步兵作战。除英军外，美国、奥地利和加拿大等国的军队均有装备，其中美国陆军定型为 M252。

L16 式 81 毫米迫击炮的炮管尾部直径缩小，炮管下半部外表刻有散热螺纹，炮口处装有内锥形套圈，便于装填炮弹，但尺寸较美国引进改制的 M252 要小。炮架采用 L4 式 K 形两脚架，用特种钢制造，携带时可折叠。座板由铝合金锻造而成，背面有 4 条加强筋。行军时，L16 式 81 毫米迫击炮可在 FV432 履带式装甲人员输送车上载运或发射。徒步行军时，全炮可分解为 3 件，由士兵背负。

L16 式 81 毫米迫击炮示意图

基本参数
炮管长：1.28 米
口径：81 毫米
重量：35.3 千克
炮口初速：225 米/秒
最大射速：20 发/分
有效射程：5650 米

士兵正在使用 L16 式 81 毫米迫击炮

夜间战斗的 L16 式 81 毫米迫击炮

美国陆军 L16 式 81 毫米迫击炮（M252 迫击炮）

英国 L9A1 式 51 毫米迫击炮

L9A1 式 51 毫米迫击炮是英国于 20 世纪 60 年代研制的 51 毫米迫击炮，主要装备连、排分队，用于杀伤有生力量，也可用于施放烟幕和目标照明，曾作为英国陆军的排级支援武器近 30 年之久。

L9A1 式 51 毫米迫击炮配有背带，可单兵携行，还配有 1 根击针接杆，平时装在炮口帽内，使用时将其从炮口插入身管与击针相接，可使炮弹在未落到炮管底部时便击发，因而使药室容积增大，膛压减小。炮弹在膛内行程缩短，可使炮弹最小射程达到 50 米。瞄准具由气泡水准仪和直接指示分划盘组成，为便于夜间使用，还装有氚照明装置。

士兵在为 L9A1 式 51 毫米迫击炮填充弹药

战地中的 L9A1 式 51 毫米迫击炮

L9A1 式 51 毫米迫击炮双人组

基本参数
- 炮管长：0.75 米
- 炮口初速：103 米/秒
- 口径：51 毫米
- 重量：6.28 千克
- 最大射速：8 发/分
- 有效射程：800 米

英国 AS-90 自行火炮

AS-90 自行火炮是英国维克斯造船与工程公司（现 BAE 系统公司）研制的 155 毫米轻装甲自行榴弹炮，主要用户为英国陆军。AS-90 自行火炮还积极开拓国外市场，具有很高的出口潜力。

AS-90 自行火炮安装了 1 门 155 毫米 39 倍径火炮，射程并不是很远，但可靠性非常好，在长时间射击时，不会出现过热和烧蚀的现象。AS-90 自行火炮的炮塔内留了较大的空间，可以在不做任何改动的情况下换装 155 毫米 52 倍径的火炮，动力舱也可以换装更大功率的发动机。155 毫米炮弹由半自动装弹机填装，使 AS-90 自行火炮可以保持较高的射速，充分发扬火力奇袭的作用。

基本参数	
全长：	9.07 米
全宽：	3.5 米
全高：	2.49 米
重量：	45 吨
最大速度：	53 千米/小时
最大行程：	420 千米

AS-90 自行火炮示意图

AS-90 自行火炮侧面图

AS-90 自行火炮进行爬坡测试

正在开火的 AS-90 自行火炮

日本 75 式火箭炮

为加强日本陆上自卫队的火力体系，提高中等距离（4～15千米）武器的作战能力，日本三菱重工于1969年开始研制130毫米多管自行火箭炮，1974年定型为75式火箭炮，1975年装备日本陆上自卫队师属炮兵团，每团配备10门。

75式火箭炮主要由运载发射车、发射装置、地面测风装置和瞄准装置等组成。发射装置为长方形箱体，分3层，每层有10根定向管。不装弹时重2000千克，装弹时重3200千克。运载发射车车体为铝合金全焊接结构，前部是乘员室，驾驶员在左边，车长在右边，操作手在车长的后面。驾驶员前面装有3具潜望镜，其中夜视潜望镜能360度回转。动力室在车体左侧，内装4ZF型二冲程V4风冷柴油机，采用扭杆悬挂装置。

基本参数	
全长：5.78米	全宽：2.8米
重量：16.5吨	全高：2.67米
最大行程：300千米	最大速度：53千米/小时

日本 99 式自行火炮

99式是日本研制的155毫米自行火炮,现已成为日本陆上自卫队的主力自行火炮。99式自行火炮的火控系统高度自动化,具有自动诊断和自动复原功能。

99式自行火炮的火炮为52倍口径的长身管155毫米榴弹炮,带自动装弹机。其炮口制退器为多孔式,结构上和德国PzH2000自行火炮类似。99式自行火炮可以发射北约标准的155毫米弹药,其装药为新研制的99式发射药。根据组合,可以发射1~6个药包,达到不同的射程。新发射药的最大特点是降低了火药燃气对身管内膛的烧蚀,从而可以提高炮管的寿命。

99式自行火炮示意图

基本参数	
全长:11.3米	全宽:3.2米
全高:4.3米	重量:40吨
最大速度:50千米/小时	
最大行程:300千米	

展览中的99式自行火炮

正在开火的99式自行火炮

99式自行火炮侧面特写

波兰 WR-40 火箭炮

WR-40 火箭炮是波兰于 21 世纪初研制的，由苏联 BM-21 火箭炮改进而来，绰号"兰古斯塔"（Langusta）。WR-40 火箭炮在 BM-21 火箭炮基础上进行了不少现代化改进，拥有不俗的作战性能，被誉为"现代喀秋莎"。

WR-40 火箭炮可以发射最大射程 42 千米装有高爆炸药弹头、重 66.4 千克的火箭，可以在 7 分钟内由装载员手动装载。发射器能够在 20 秒内完成 40 管发射。其弹药用中型通用卡车装载。WR-40 火箭炮具有良好的越野性能，发动机功率达 259 千瓦，车载中央轮胎充放气系统使驾驶员可以通过路况调节轮胎气压。WR-40 火箭炮可爬行 30 度前坡和 20 度侧坡，并可跨越 1.2 米的深坑。此外，WR-40 火箭炮还可以通过 C-130 运输机运载。

基本参数	
全长：	8.58米
全宽：	2.54米
全高：	2.74米
重量：	17吨
最大速度：	85千米/小时
最大行程：	650千米

WR-40 火箭炮侧面

WR-40 火箭炮前方特写

巴西 ASTROS Ⅱ 多口径火箭炮

ASTROS Ⅱ 火箭炮（ASTROS 是 Artillery SaTuration ROcket System 的缩写，意为：炮兵饱和射击火箭系统）是巴西于 20 世纪 80 年代研制的，是一款非常有特色的火箭炮，可发射 5 种不同的火箭弹，作战性能非常出色。除巴西陆军采用外，该火箭炮还出口到安哥拉、巴林和沙特阿拉伯等国。

ASTROS Ⅱ 火箭炮的同一发射架上能够发射 5 种不同的火箭弹（127 毫米 SS-30 火箭弹 32 枚、180 毫米 SS-40 火箭弹 16 枚、300 毫米 SS-60 火箭弹 4 枚、300 毫米 SS-80 火箭弹 4 枚、300 毫米 SS-150 火箭弹 4 枚），并且能够对 9～90 千米距离的目标实施大规模的火力投放。配有 8 种弹头，能提供最佳的目标火力覆盖功能和无可比拟的精确性。ASTROS Ⅱ 火箭炮的优点还包括高密度的饱和火力投射能力、高机动性和防护能力、操作范围广、射程远、发射间歇时间短、人员配置少、拥有全天候作战能力、根据目标进行相应调整的能力等。

基本参数	
全长：	7米
全宽：	2.9米
全高：	2.6米
重量：	10吨
最大速度：	90千米/小时
最大行程：	480千米
有效射程：	150千米

ASTROS Ⅱ 火箭炮侧面

ASTROS Ⅱ 火箭炮发射瞬间

ASTROS Ⅱ 火箭炮内部控制台

韩国 K9 自行火炮

K9 是韩国于 20 世纪 90 年代研制的 155 毫米 52 倍口径自行火炮,以其优良的性能为韩国陆军在山地战场提供了有效的远程火力支援。

K9 自行火炮的炮塔和车体为钢装甲全焊接结构,最大装甲厚度为 19 毫米,可防中口径轻武器火力和 155 毫米榴弹破片。乘员组为 5 人,即 1 名驾驶员和战斗乘员舱内的 4 名乘员(车长、炮长、炮长助手和装填手)。车长和炮长位于炮塔右侧。车长前上方装有 1 挺用于防空和自卫的 12.7 毫米 M2 机枪(备弹 500 发),配有向后开启的单扇舱口盖。K9 自行火炮装有 21 发底火自动装填装置,可自动输送、插入和抽出底火。

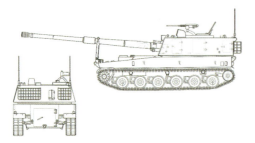

K9 自行火炮示意图

基本参数	
全长:	12米
全宽:	3.4米
全高:	2.73米
重量:	47吨
最大速度:	67千米/小时
最大行程:	480千米

K9 自行火炮参与作战训练

K9 自行火炮前侧方特写

正在开火的 K9 自行火炮

法国 CAESAR 自行火炮

CAESAR 是由法国地面武器工业集团设计和生产的自行火炮,该集团拥有先进的设计理念和制造技术,备受国际火炮专家推崇。除法国外,沙特阿拉伯、泰国和印度尼西亚等国也已采用了 CAESAR 自行火炮。

不同于有炮塔的自行火炮,CAESAR 自行火炮的突出标志是没有炮塔,其结构简单、系统重量轻,具有优秀的机动性能。CAESAR 自行火炮在射击时要在车体后部放下大型驻锄,使火炮成为稳固的发射平台,这是它与有炮塔自行火炮的又一大区别。CAESAR 自行火炮的最大优点就是机动性强。它的尺寸和重量都较小,非常适合通过公路、铁路、舰船和飞机进行远程快速部署。

参加训练的 CAESAR 自行火炮

基本参数
全长:10米
全宽:2.55米
全高:3.7米
重量:17.7吨
最大速度:100千米/小时
最大行程:600千米

CAESAR 自行火炮示意图

CAESAR 自行火炮后方特写

正在开火的 CAESAR 自行火炮

4.2 致命方程式——导弹
美国 FIM-43 "红眼"便携式防空导弹

FIM-43 "红眼"（Redeye）便携式防空导弹是美国二战后设计的一种防空武器，因前端采用红外导引装置的样式，所以被称为"红眼"。它是世界上第一种便携式防空导弹，代表着一种全新的防空武器诞生了。

FIM-43 "红眼"便携式防空导弹采用被动式红外线导引，使用时托在肩上并对着敌机用光学瞄准镜瞄准，然后开动导弹的红外线导引头，这样导弹就会自动锁定目标并发出响声告诉射手已锁定目标，射手只要扳动扳机就可以发射导弹。导弹首先会发射火药射离发射筒，火箭发动机则会在离射手约6米后才会点火。这样是为了保护射手免被火箭的火焰烧伤。

基本参数	
直径：	70毫米
全长：	1.2米
总重：	13千克
最大速度：	579米/秒
有效射程：	4.5千米

发射中的 FIM-43 "红眼"便携式防空导弹

武器展览会上的 FIM-43 "红眼"便携式防空导弹

美国 FIM-92 "毒刺"便携式防空导弹

FIM-92"毒刺"（Stinger）是由美国通用动力公司设计、雷神公司生产的一款便携式防空导弹，有3种衍生型，即基本型、被动光学型（POST）和软体电脑型（RMP）。它是FIM-43"红眼"二代，被称为第二代便携式防空导弹，目前在世界上被非常广泛地使用。

相比前身FIM-43"红眼"导弹而言，FIM-92"毒刺"导弹拥有两个优势。首先，它采用第二代冷却锥形扫描红外自动导引弹头，提供全方位探测和自导引能力，具有"射后不理"能力。因此，"毒刺"导弹可以等敌方战机一接近就进行迎头攻击。其次，"毒刺"导弹增加了新功能，安装了一套综合AN/PPX-1 IFF（敌我识别）系统，当友军和敌军双方战机同时在空中时，这是一个明显优势。

基本参数
直径：70毫米
全长：1.52米
总重：15.2千克
最大速度：750米/秒
有效射程：8千米

FIM-92"毒刺"便携式防空导弹发射瞬间

战地中的FIM-92"毒刺"便携式防空导弹

美军基地中的FIM-92"毒刺"便携式防空导弹

美国 MIM-72/M48 "榭树" 地对空导弹

MIM-72/M48 "榭树"（Chaparral）地对空导弹是由美国罗拉尔（Loral）公司设计生产的，1969 年进入美国陆军服役，于 1990～1998 年间退出现役，但外销型号仍在当今多国服役。

MIM-72/M48 "榭树" 地对空导弹采用福特航太公司发展出来的 AN/DAW-1B 全向位寻标器，并具有红外线反反制能力；另外装用 M817 多普勒雷达近发引信及 M250 高爆破片弹头。值得一提的是，该导弹的发射载具由 M113 装甲人员运输车衍生而来。该载具的发动机舱及乘员舱位于车体前方，后方则装置 M54 导弹发射装置，多以防水帆布覆盖作为保护，车头两侧各有 1 组红外线灯，具有两栖能力，以履带打水的方式前进（速度为 5.5 千米/小时）。

基本参数
- 直径：127 毫米
- 全长：2.9 米
- 总重：11 千克
- 最大速度：514.5 米/秒
- 有效射程：6 千米

MIM-72/M48 "榭树" 地对空导弹特写

战斗中的 MIM-72/M48 "榭树" 地对空导弹

美国 MIM-104 "爱国者" 地对空导弹

MIM-72/M48 "榭树" 地对空导弹侧面

MIM-104 "爱国者" (Patriot) 地对空导弹是由美国雷神 (Raytheon) 公司设计生产的。它在海湾战争后广为人知，凭借多用途、高打击精度以及可攻击多目标等特性，成为美军最具代表性的武器之一。从2008年开始，其部分功能已被战区高空防御导弹 (THAAD) 取代。

MIM-104 "爱国者" 地对空导弹包括8具二合一的运输/发射器，装备了32枚导弹，以4枚一组装载在M901发射装置之内，由M860半挂卡车运载。在MIM-104 "爱国者" 导弹服役后不久，雷神公司又以其为基础，推出了"爱国者"2导弹和"爱国者"3导弹。相比之下，"爱国者"3不但更精确，而且可以发射更多的导弹拦截每个目标，增加成功拦截的概率。

基本参数
直径：410毫米
全长：5.31米
总重：900千克
最大速度：1715米/秒
有效射程：200千米

MIM-104 "爱国者" 地对空导弹发射的瞬间

在德国服役的 MIM-104 "爱国者" 地对空导弹

美国 THAAD 地对空导弹

THAAD（Terminal High Altitude Area Defense，音译"萨德"，意为：末段高空区域防御系统）地对空导弹是一款由美国洛克希德·马丁（Lockheed Martin）公司设计生产的一款防空武器，主要用于反弹道导弹。

THAAD 地对空导弹具有拦截战区弹道导弹所需的齐射能力。为在更高的高空和更远的距离摧毁携带大规模毁灭性武器的威胁，以保证需要的防御水平，齐射能力是必要的。THAAD 的另一个重要部分是用户作战评估系统（UOES）。该系统能对系统作战性能进行早期评估，并在国家紧急情况下提供有限的大气层内防御能力。

THAAD 地对空导弹示意图

基本参数	
直径：	340毫米
全长：	6.17米
总重：	900千克
最大速度：	2800米/秒
有效射程：	200千米

战斗中的 THAAD 地对空导弹

THAAD 地对空导弹夜间发射

THAAD 地对空导弹在战区齐射

美国 BGM-71 "陶"式反坦克导弹

BGM-71 "陶"式反坦克导弹是美国休斯飞机公司研制的一种管式发射、光学瞄准、红外自动跟踪、有线制导的重型反坦克导弹武器系统，1970年开始服役。直到现在，该导弹的改进仍在持续。不过，雷神公司已经取代休斯飞机公司，负责所有改进型的生产，同时也负责新型号的研制工作。

BGM-71 "陶"式反坦克导弹的弹体呈柱形，前后两对控制翼面。第一对位于弹体，4片对称安装，为方形；第二对位于弹体中部，每片外端有弧形内切，后期改进型的弹头加装了探针。该导弹的发射筒也是柱形，自筒口后三分之一处开始变粗，明显呈前后两段。

基本参数	
直径：	152毫米
全长：	1.51米
总重：	22.6千克
最大速度：	320米/秒
有效射程：	4.2千米

士兵正在使用"陶"式反坦克导弹

"陶"式反坦克导弹及其发射装置示意图

士兵正在操作"陶"式反坦克导弹发射器

搬运"陶"式反坦克导弹的美国士兵

美国 FGM-148 "标枪"反坦克导弹

FGM-148"标枪"（Javelin）导弹是美国德州仪器公司和马丁·玛丽埃塔公司联合研发的单兵反坦克导弹，1996年正式服役，现由雷神公司和洛克希德·马丁公司生产。"标枪"导弹的主要用户除了美国外，还有英国、法国、澳大利亚、沙特阿拉伯、阿联酋、阿塞拜疆、新西兰、挪威、立陶宛、印度、印度尼西亚、捷克、巴林、格鲁吉亚、爱尔兰、约旦、卡塔尔和阿曼等。

"标枪"导弹是世界上第一种采用焦平面阵列技术的便携式反坦克导弹，配备了一个红外线成像搜寻器，并使用两枚锥形装药的纵列弹头，前一枚引爆任何爆炸性反应装甲，主弹头贯穿基本装甲。"标枪"导弹系统的缺点在于重量大，其设计为可由单兵步行携带，但重量比原本陆军要求的数字要高，此系统的重量和正常战斗负重使"标枪"小队成为美国陆军部署负荷最重的基本步兵单位。

"标枪"导弹示意图

士兵正在发射"标枪"导弹

"标枪"导弹发射瞬间

基本参数	
直径：	127毫米
全长：	1.1米
总重：	22.3千克
最大速度：	136米/秒
有效射程：	4.75千米

苏联/俄罗斯 9K32 "箭"-2 便携式防空导弹

9K32 "箭"-2（Arrow-2）是苏联设计的第一代便携式防空导弹，用于杀伤低空和超低空慢速飞行目标，于1968年开始装备部队，20世纪80年代已逐步被9K38 "针"便携式防空导弹取代。

9K32 "箭"-2便携式防空导弹筒身细长，手柄之后的筒身呈无变化曲线。筒口段略粗，下方热电池/冷气瓶平行于筒身安装，瓶底有一细柄前伸。该武器所使用的导弹细长，采用2组控制面，第一组位于弹体底端，4片弹翼，似弹体的自然外张；第二组位于弹体前端，尺寸较小，弹头为钝圆形。

9K32 "箭"-2便携式防空导弹示意图

基本参数	
直径	72毫米
全长	1.42米
总重	9.8千克
最大速度	500米/秒
有效射程	2.3千米

俄罗斯军事基地中的9K32 "箭"-2便携式防空导弹

9K32 "箭"-2便携式防空导弹发射后视角

发射中的9K32 "箭"-2便携式防空导弹

苏联/俄罗斯 9K38"针"便携式防空导弹

9K38"针"(Needle)是苏联设计的一款便携式防空导弹,于1971年开始研制,1983年进入部队服役,可迎面和尾追攻击各种低空、超低空目标,以及悬停直升机。不论是对抗反制手段,还是野战操作,9K38"针"便携式防空导弹都非常出众,实属该类武器中的佼佼者。

9K38"针"便携式防空导弹内设有选择式的敌我识别装置,以避免击落友机,自动锁定能力和高仰角攻击能力使发射更方便,最低射程的限制也减少很多。火箭弹使用延迟引信,这样既能增大杀伤力(在击中机身后会引爆剩下的导弹燃料使威力增加),还能抵抗各种红外线反制手段(像闪光燃烧弹或ALQ-144系列干扰丝)。

基本参数
直径:72毫米
全长:1.57米
总重:10.8千克
最大速度:646米/秒
有效射程:5.2千米

9K38"针"便携式防空导弹套装

武器展览会上的9K38"针"便携式防空导弹

装备9K38"针"便携式防空导弹的俄罗斯士兵

苏联/俄罗斯 SA-11"山毛榉"地对空导弹

SA-11"山毛榉"（Beech）地对空导弹是苏联安泰公司设计的，代号为9K37，是一种中低空、中近程机动式防空武器，主要承担野战防空任务。相比同类武器而言，SA-11"山毛榉"地对空导弹具备射程远、精度高、可以全向攻击、抗干扰能力强等优点，属于较优秀的防空武器。现装备俄罗斯陆军导弹旅。

SA-11"山毛榉"地对空导弹采取四联装发射架、履带式载车，其弹体中段安装4片长弦短翼展控制翼面，尾端安装4片截短三角翼形的活动控制舵面。攻击时先快速爬升，再俯冲瞄准目标，导弹系统进入战斗状态需要5分钟，从目标跟踪到发射导弹需要22秒。

基本参数	
直径	400毫米
全长	5.5米
总重	690千克
最大速度	1029米/秒
有效射程	30千米

武器展览会上的SA-11"山毛榉"地对空导弹

战地中的SA-11"山毛榉"地对空导弹

待命中的SA-11"山毛榉"地对空导弹

苏联/俄罗斯 SA-15"臂铠"地对空导弹

SA-15"臂铠"（Gauntlet）地对空导弹是由苏联设计的一款防空武器，用于击落巡航导弹、无人飞机和弹道导弹等。俄罗斯国防部正式授予的型号是9K330。

SA-15"臂铠"地对空导弹套装包含运输、发射、雷达全功能单元，可以独立完成防空作战，也可集成入更大的防空系统协同作战。车载8发垂直发射导弹装在两部容器中，每部容器有4发导弹。该导弹可跟踪24千米远处的空中目标，有效射程12千米。它的车载系统可承载3名乘员，分别是车长、系统操作员、驾驶员，乘员舱位于车体前部，中部为大型盒式无人炮塔，车体后部为发动机舱，6个双轮毂覆橡胶承重轮，3个托带轮，驱动轮后置。

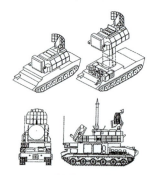

SA-15"臂铠"地对空导弹示意图

基本参数	
直径：235毫米	全长：3.5米
总重：167千克	最大速度：850米/秒
有效射程：12千米	

SA-15"臂铠"地对空导弹运输车等系统

防御中的SA-15"臂铠"地对空导弹

苏联/俄罗斯 S-75"指南"地对空导弹

S-75"指南"（Guideline）是苏联第一代实用化的地对空导弹，于1954年10月由拉沃奇金（Lavochkin）设计局设计，于1957年在莫斯科五一节阅兵式公开。对苏联而言，它不但带动了防空导弹系统的大发展，还促成了其独特的"以地制空"理论的全面形成。

S-75"指南"地对空导弹的主要作战方式包括要地防空和机动伏击两种。要地防空主要是环绕防御目标构筑多层防线，每层防线上以多个六角形地空导弹阵地为支撑点，在战区防空指挥中心统一指挥和协调下，与防空战斗机、地面高炮协同作战，共同抗击敌方多方向、多高度、多波次、高强度空中打击，保卫己方要地安全。机动伏击是根据敌机侦察规律和活动航迹分析结果，有意识地在敌机必经之地设伏，待敌机经过时突然攻击。

基本参数
- 直径：645毫米
- 全长：10.726米
- 总重：2163千克
- 最大速度：1029米/秒
- 有效射程：48千米

发射架上的 S-75"指南"地对空导弹

战斗中的 S-75"指南"地对空导弹

四联装 S-75"指南"地对空导弹

俄罗斯"铠甲"-S1防空系统

"铠甲"-S1（Pantsir-S1）防空系统是俄罗斯在2K22"通古斯卡"防空导弹系统基础上改进而来的轮式自行弹炮合一防空系统，2012年开始服役。

"铠甲"-S1防空系统是"通古斯卡"防空系统的升级版本，使用相控阵雷达的目标获取与跟踪，有导弹和高射炮两种武装集成在一具雷达控制上，具有行进间作战能力。"铠甲"-S1防空系统由炮塔、炮塔控制系统、防空导弹、发射装置、操作和技术保障设备等构成。

基本参数
直径：170毫米
全长：3.2米
总重：90千克
最大速度：1293米/秒
有效射程：20千米

发射中的"铠甲"-S1防空系统

"铠甲"-S1防空系统侧面特写

俄罗斯 9M131"混血儿"M 反坦克导弹

9M131"混血儿"M（Metis M）导弹是俄罗斯研制的便携式反坦克导弹，北约代号为 AT-13"萨克斯"2（Saxhorn 2），1992年开始服役，时至今日仍然在役。

9M131"混血儿"M 导弹方便在城市作战中快速运动携带，攻击装甲目标击毁率高，具有多用途使用特点，成本低且利于大量生产装备。该导弹采用半自动指令瞄准线制导，作战反应时间为 8～10 秒。

"混血儿"M 导弹的攻击力来自两种战斗部。一种是对付爆炸式反应装甲的改进型 9M131 导弹，在清除反应装甲后还能侵彻 800～1000 毫米厚的主装甲。另一种是用于对付掩体及有生力量的空气炸弹，采用燃料空气炸药战斗部，可对付掩体目标、轻型装甲目标和有生力量。

士兵正在使用"混血儿"M 反坦克导弹

基本参数	
直径：130毫米	全长：0.98米
总重：13.8千克	最大速度：200米/秒
有效射程：2千米	

"混血儿"M 反坦克导弹系统

俄罗斯 S-400 "咆哮者"地对空导弹

S-400是俄罗斯国土防空军第三代地对空导弹,用于从超低空到高空、近距离到超远程的全空域对抗密集多目标空袭,北约代号"咆哮者"(Growler),由金刚石中央设计局(Almaz Central Design Bureau)生产。

在速度、精度等方面,S-400"咆哮者"均优于美国的"爱国者"地对空导弹,既能承担传统的空中防御任务,又能执行非战略性的导弹防御任务,堪数当今世界上性能最好的防空导弹之一。

S-400"咆哮者"地对空导弹的最大特点之一,是可以发射低空、中空、高空,近程、中程、远程的各类导弹。这些性能迥异的导弹互相弥补,构成多层次的防空屏障。该武器射程可达400千米,为当今地对空导弹射程之最,远大于美国战区高空防御导弹。此外,它拦截弹道导弹的最大距离是60千米,比美国"爱国者"远出40千米,且拦截率高,可击落飞行高度从数十米到同温层的目标。

基本参数	
直径:	450毫米
全长:	7.5米
总重:	1600千克
最大速度:	4116米/秒
有效射程:	400千米

待战中的S-400"咆哮者"地对空导弹

战斗中的S-400"咆哮者"地对空导弹

英国"吹管"便携式防空导弹

"吹管"(Blowpipe)便携式防空导弹既可肩扛发射,也可以从其他作战平台上发射,主要用来对付低空慢速飞行的战机和直升机,还可以用来对付小型舰艇和地面车辆,可谓"一专多能"。它由英国泰利斯防空(Thales Air Defence)设计,操作部分的外形十分独特,类似放大版的柄式手榴弹。

"吹管"便携式防空导弹采用无线电制导,这是与红外制导便携式防空导弹系统最大的不同。该武器的操纵员在发射导弹前,应将瞄准具十字线对准目标,并一直保持至导弹发射。发射后导弹自动保持在目标线上。在导弹自动进入制导航迹后,操纵员转为手动制导状态。同时,操纵员要通过瞄准具观察目标和导弹,使其十字线对准目标,导弹与目标影像重合。

运输车辆上的S-400"咆哮者"地对空导弹

基本参数	
直径:	76毫米
全长:	1.39米
总重:	11千克
最大速度:	514.5米/秒
有效射程:	6千米

战地中的"吹管"便携式防空导弹小组

野外战斗的"吹管"便携式防空导弹小组

"吹管"便携式防空导弹示意图

发射中的"吹管"便携式防空导弹

英国"星光"便携式防空导弹

"星光"（Starstreak）便携式防空导弹是英国在"标枪"基础上发展而来的，于1986年开始研制，1993年装备英国陆军。其作战距离最大为7千米，单发杀伤概率为96%。此外，它具有速度快、反应时间短、发射方式多样、单发杀伤概率高等特点，是20世纪90年代同类导弹中最先进的导弹之一。

"星光"便携式防空导弹的最大特点在于采用新型的三弹头设计，弹头由3个"标枪"导弹弹头组成，每个弹头包括高速动能穿甲弹头和小型爆破战斗部。发射时，导弹由第一级新型脉冲式发动机推出发射筒外，飞行300米后，二级火箭发动机启动，迅速将导弹加速到4马赫。在火箭发动机燃烧完毕后，环布在弹体前端的3个子弹头分离，由激光制导。三者之间保持三角形固定队形，向共同的目标飞去。散开的单个"标枪"导弹弹头最适合用来摧毁攻击地面的敌方战机。

"星光"便携式防空导弹示意图

基本参数
直径：130毫米
全长：1.4米
总重：20千克
直径：130毫米
最大速度：1361米/秒
有效射程：7千米

"星光"便携式防空导弹

"星光"便携式防空导弹测试

机载版"星光"便携式防空导弹

英国"轻剑"地对空导弹

"轻剑"（Rapier）导弹是英国于20世纪60年代研制的地对空导弹，主要有"轻剑"Ⅰ型和"轻剑"Ⅱ型两种型号，前者于1971年开始服役。"轻剑"地对空导弹具有反应迅速、易于操作、机动性强以及便于空运等优点。

"轻剑"地对空导弹弹体为圆柱形，弹头为尖锥形，有两组控制翼面。第一组位于弹体底部略靠前位置，面积较小，前缘后掠；第二组位于弹体中部，面积较大，前缘后掠角度大于第一组。"轻剑"地对空导弹是英军登陆作战的骨干力量，在"吹管"地对空导弹配合下，保证了登陆部队的对空安全。

基本参数
直径：133毫米
全长：2.235米
总重：45千克
最大速度：851米/秒
有效射程：8.2千米

"轻剑"地对空导弹后方特写

发射中的"轻剑"地对空导弹

法国"西北风"便携式防空导弹

"西北风"(Mistral)便携式式防空导弹是由法国马特拉(Matra)公司设计的,从20世纪90年代初起一共生产了超过15000枚各型"西北风"。同其他导弹相比,"西北风"的销量遥遥领先。法国和外国军方的订单让"西北风"在近程防空导弹市场独占鳌头。

为了安置红外自导头,马特拉公司为"西北风"研制了金字塔形整流罩,从而将其最大飞行速度提高到800米/秒。同时,在发动机结束工作后,导弹减速较慢,使其在制导末段能保持较高的机动性。红外自导头采用发射前经冷却的多元接收装置,它是在砷化铟的基础上制成的。再加上导弹设备中采用的数字处理系统,大大提高了自导头的敏感性,能确保有效对抗红外诱饵。

基本参数	
直径	90毫米
全长	1.86米
总重	18千克
最大速度	800米/秒
有效射程	5.4千米

"西北风"便携式防空导弹

士兵正在使用"西北风"便携式防空导弹

双联装"西北风"便携式防空导弹

"西北风"便携式防空导弹正在发射

法德"米兰"反坦克导弹

"米兰"(MILAN)反坦克导弹是法国和德国联合研制的轻型反坦克导弹,1972年开始服役直到现在。"米兰"反坦克导弹在非洲战场、马岛战争及海湾战争中的多次使用,都证明了它所具有的作战灵活性。

"米兰"反坦克导弹采用目视瞄准、红外半自动跟踪、导线传输指令制导方式。不同于"霍特"反坦克导弹作为重型反坦克导弹,"米兰"反坦克导弹作为轻型反坦克导弹由步兵使用,射程约为"霍特"导弹的一半(即2千米)。作为有线引导导弹,使用"米兰"反坦克导弹的步兵要连续瞄准目标直至命中为止,其弹头采用高爆反坦克弹。

基本参数	
直径:115毫米	全长:1.2米
总重:7.1千克	最大速度:201米/秒
有效射程:2千米	

"米兰"反坦克导弹

士兵正在发射"米兰"导弹

士兵正在操作"米兰"导弹系统

日本 91 式便携式防空导弹

91 式便携式防空导弹是由日本东芝（Toshiba）公司设计生产的，是日本第一代国产便携式防空导弹，为日本之后的同类武器发展做了铺垫。值得一提的是，因受到日本宪法的限制，所以 91 式不会远销海外。

20 世纪 80 年代，日本自卫队所使用的便携地对空导弹是美国的 FIM-92 系列导弹。进入 90 年代之后，为了取代 FIM-92 系列导弹，日本东芝公司以其为基础，推出了 91 式便携式防空导弹。它可以安装在川崎 OH-1 轻型军用侦察直升机上作为空对空导弹，也可装在高机动车上作为车载版地对空导弹。

91 式便携式防空导弹示意图

基本参数
直径：80 毫米
全长：1.4 米
总重：11.5 千克
最大速度：646 米/秒
有效射程：5 千米

武器展示会上的 91 式便携式防空导弹

美军士兵使用 91 式便携式防空导弹

日本航空自卫队成员组成的 91 式便携式防空导弹发射小组

韩国"飞马"地对空导弹

"飞马"（Pegasus）地对空导弹是韩国自主研发的一款防空武器，不过该武器不能完全算是韩国自己的技术，因为绝大部分核心部件都是进口的。"飞马"地对空导弹拥有良好的机动性，并能担任全天候、低空近程防空任务，用来攻击低空、超低空战斗机、武装直升机等，还可用于保卫机场、港口以及对付导弹。

"飞马"地对空导弹整个系统由导弹、发射装置、热成像仪、搜索雷达、跟踪雷达、火控设备、视频自动跟踪器等构成，其中除了载车底盘是韩国自己的外，其他均是购买于美国等军事大国。

基本参数	
直径：	150毫米
全长：	2.35米
总重：	85千克
最大速度：	1200米/秒
有效射程：	16千米

早期的"飞马"地对空导弹

"飞马"地对空导弹局部特写

发射中的"飞马"地对空导弹

瑞典 MBT LAW 反坦克导弹

MBT LAW 反坦克导弹的正式名称为"主战坦克及轻型反坦克武器"（Main Battle Tank and Light Anti-tank Weapon，简称 MBT LAW），它是瑞典和英国联合研制的短程"射后不理"反坦克导弹，已被瑞典、英国、芬兰和卢森堡等国采用。

MBT LAW 是一种软发射反坦克导弹系统，城镇战中步兵可以在一个封闭的空间内使用它。在这个系统中，火箭首先使用一个低功率的点火从发射器里发射出去。在火箭经过好几米的行程直到进入飞行模式以后，其主要火箭就会立即点火，开始推动导弹，直到命中目标为止。MBT LAW 在设计上是为了给步兵提供一种肩射、一次性使用的反坦克武器，发射一次以后需要将其抛弃。

基本参数	
直径：150毫米	全长：1.016米
总重：12.5千克	最大速度：238米/秒
有效射程：1千米	

MBT LAW 反坦克导弹示意图

装备 MBT LAW 反坦克导弹的士兵

士兵正在使用 MBT LAW 反坦克导弹

瑞典 RBS 70 便携式防空导弹

RBS 70 是由瑞典博福斯公司设计生产的一款便携式防空导弹。除了瑞典本国军队使用外，还有数十个其他国家的军队采用。经过多次现代化改进，它能及时适应现代战争对近程防空武器不断增长的要求，其最新改型能高效对抗现役空袭武器。

RBS 70 便携式防空导弹的主要特点是远程拦截来袭目标，具有较高的命中精度和杀伤概率，稳定性强，可高效对抗各种人工和自然干扰。采用激光指令制导方式，能攻击低飞到地面的目标，可在夜间使用，具备较强的发展、改进潜力。从诞生伊始，RBS 70 就是作为一种整体系统研制的，便于日后装配在各种轮式和履带式底盘上，发展自行防空系统。

基本参数

直径：106毫米
全长：1.32米
总重：21千克
最大速度：535米/秒
有效射程：5.5千米

在澳大利亚服役的 RBS 70 便携式防空导弹

武器展览会上的 RBS 70 便携式防空导弹

发射中的 RBS 70 便携式防空导弹

第5章 低空火舌——直升机

进入21世纪后,世界上发生的每一场局部战争,他们都担当了重要的角色。他们是陆军编制序列中的一个兵种,是用于支援地面部队作战的现代陆军高技术兵种。他们就是陆军航空兵。而直升机是他们的主要武器装备。根据直升机的性能特点,通常分为攻击直升机、运输直升机和各种类型的勤务直升机等。下面将带您走近陆军航空兵,感受不一样的陆军武器。

美国 AH-1 "眼镜蛇" 直升机

AH-1 "眼镜蛇"是由美国贝尔（Bell）直升机公司研制的，于1965年9月首次试飞。1967年6月，第一批AH-1交付并开始服役。目前，该机的主力位置已被AH-64"阿帕奇"直升机完全取代，但仍有改进型号正在服役。

AH-1"眼镜蛇"直升机机身为窄体细长流线形，两侧有外挂武器的短翼，翼下各有2个武器挂架。机头呈鼻状突起，下方吊装机炮。座舱为纵列双座布局，射手在前，驾驶员在后。前舱门在左侧，后舱门在右侧。

起落架为管状滑橇式，不可收放。单引擎型设有较突出的粗大排气管，由机身后部伸出，与大梁平行。双引擎型的发动机置于双肩，较短的排气管在机身后部并列配置，以一定角度外倾。

基本参数
机长：13.6米
机高：4.1米
旋翼直径：14.63米
巡航速度：228千米/小时
最大航程：510千米
实用升限：3720米

AH-1"眼镜蛇"直升机准备降落

AH-1"眼镜蛇"直升机进行编队飞行

美国 AH-64"阿帕奇"直升机

美国海军版 AH-1"眼镜蛇"直升机

AH-64"阿帕奇"（Apache）是由美国麦克唐纳·道格拉斯（McDonnell Douglas）公司制造的全天候双座直升机（现由波音公司制造），目前是美国陆军仅有的一种专门用于攻击的直升机，其最先进的改进型为AH-64D"长弓阿帕奇"。

AH-64"阿帕奇"直升机采用传统的半硬壳结构，前方为纵列式座舱，副驾驶员／炮手在前座，驾驶员在后座。驾驶员座位比前座高48厘米，且靠近直升机转动中心，视野良好，有利于驾驶直升机贴地飞行。起落架为后三点式，支柱可向后折叠，尾轮为全向转向自动定心尾轮。其旋翼的任何部分都可抗击12.7毫米子弹，机身表面的大部分位置在被1发23毫米炮弹击中后，都能保证继续飞行30分钟。前后座舱装甲也能够抵御23毫米炮弹的攻击，在两台发动机的关键部位也加强了装甲防护。

AH-64"阿帕奇"直升机示意图

基本参数
机长：17.73米
机高：3.87米
旋翼直径：14.63米
巡航速度：265千米/小时
最大航程：1900千米
实用升限：6400米

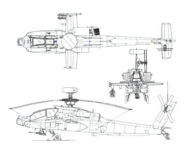
AH-64"阿帕奇"直升机战斗编队

AH-64"阿帕奇"直升机侧面特写

航空母舰上的 AH-64"阿帕奇"直升机

美国 UH-1 "伊洛魁" 通用直升机

UH-1 是贝尔直升机公司研发的通用直升机,绰号"伊洛魁"。UH-1 直升机至 20 世纪 70 年代末仍是美国陆军突击运输直升机队的主力,从 80 年代开始,其地位逐渐被 UH-60 直升机代替。

UH-1 直升机采用单旋翼带尾桨的形式,扁圆截面的机身前部是一个座舱,可乘坐正副飞行员(并列)及乘客多人,后机身上部是一台莱卡明 T53 系列涡轮轴发动机及其减速传动箱,驱动直升机上方的是由两枚桨叶组成的半刚性跷跷板式主旋翼。UH-1 的起落架是十分简洁的两根杆状滑橇,机身左右开有大尺寸舱门,便于人员及货物的上下。该机的常见武器为 2 挺 7.62 毫米 M60 机枪,加上两具 7 发(或 19 发)91.67 毫米火箭吊舱。

基本参数	
机长:17.4米	机高:4.4米
旋翼直径:14.6米	巡航速度:205千米/小时
最大航程:510千米	实用升限:5910米

UH-1 直升机前方特写

UH-1 进行编队飞行

UH-1 直升机参与作战

美国 CH-47 "支奴干" 运输直升机

CH-47 是波音公司研制的双发中型运输直升机，绰号"支奴干"。其主要用户为美国陆军，其他用户包括英国陆军和西班牙陆军。

CH-47 直升机具有全天候飞行能力，可在恶劣的高温、高原气候条件下完成任务。可进行空中加油，具有远程支援能力。部分型号机身上半部分为水密隔舱式，可在水上起降。该机运输能力强，可运载 33～35 名武装士兵，或运载 1 个炮兵排，还可吊运火炮等大型装备。CH-47 的玻璃钢桨叶即使被 23 毫米穿甲燃烧弹和高爆燃烧弹射中，仍能安全返回基地。

基本参数

机长：30.1米	机高：5.7米
旋翼直径：18.3米	巡航速度：296千米/小时
最大航程：741千米	实用升限：5640米

CH-47 直升机在低空飞行

CH-47 直升机运载士兵

CH-47 直升机正在吊运战车

美国 OH-58 "奇欧瓦" 轻型直升机

OH-58 "奇欧瓦"（Kiowa）是贝尔公司研制的轻型直升机，可以有观测和部分攻击能力。最新机型 OH-58D "奇欧瓦战士"，主要是担任陆军支援的侦察角色。

OH-58 直升机装有滑橇式起落架，舱内有加温和通风设备。最新机型 OH-58D 改用了 4 叶复合材料主旋翼，机动性有所增强，振动减小，可操控性提高。OH-58D 可以同时搭载下列 4 种武器中的两种：两发 AGM-114 导弹、两发 AIM-92 导弹、70 毫米 Hydra70 火箭、12.7 毫米 M2 重机枪。此外，OH-58D 机身两侧还有全球直升机通用挂架（UWP），OH-58D 还装有桅顶瞄准具，能提供非常好的视界。

基本参数
机长：12.39米
机高：2.29米
旋翼直径：10.67米
巡航速度：204千米/小时
最大航程：556千米
实用升限：6250米

OH-58 直升机侧面特写

OH-58 直升机在高空飞行

OH-58 直升机前方特写

美国 UH-60 "黑鹰" 通用直升机

UH-60 "黑鹰"（Black Hauk）是西科斯基公司研制的通用直升机，是按照1972年美国陆军的要求而设计的，主要是为了替代 UH-1 直升机。

与 UH-1 直升机相比，UH-60 直升机大幅提升了内部容量和货物运送能力。在大部分天气情况下，3 名机组成员中的任何一个都可以操纵飞机运送全副武装的 11 人步兵班。拆除 8 个座位后，可以运送 4 个担架。此外，还有一个货运挂钩可以执行外部吊运任务。UH-60 通常装有两挺机枪，1 具 19 联装 70 毫米火箭发射巢，还可发射 AGM-119 "企鹅" 反舰导弹和 AGM-114 "地狱火" 空对地导弹。

基本参数
机长：19.76米
机高：5.13米
旋翼直径：16.36米
巡航速度：280千米/小时
最大航程：2220千米
实用升限：5790米

UH-60 直升机进行编队飞行

士兵正在从 UH-60 直升机进行着陆

美国 UH-72 "勒科塔" 通用直升机

UH-72 "勒科塔"（Lakota）是欧洲直升机公司研制的通用直升机，2007 年开始服役，主要用于轻型运输任务以及和平时期的医疗后送任务。

UH-72 直升机具有优异的飞越高海拔、耐高温性能，机舱布局也比较合理。在执行医疗救护任务时，机舱内同时可容纳两张担架和两名医疗人员，由于舱门较大，承载伤员的北约标准担架可以方便进出机舱。在执行人员运输任务时，机舱内可容纳不少于 6 名全副武装的士兵。另外，机载无线电也是 UH-72 的一大突出优势。该机机载无线电设备工作频带，不仅涵盖国际民航组织规定的通信频率，与各国民航部门进行通信，还能够与军事、执法、消防和护林等单位进行联系。

基本参数	
机长：	13.03米
机高：	3.45米
旋翼直径：	11米
巡航速度：	246千米/小时
最大航程：	685千米
实用升限：	5791米

UH-72 直升机前侧方特写

UH-72 直升机在高空飞行

UH-72 直升机执行救护任务

苏联/俄罗斯米-6"吊钩"运输直升机

米-6"吊钩"(Hook)是苏联米里设计局设计的重型运输直升机,米-6首次公开露面是在1965年的第26届巴黎航空展。

米-6直升机的机身为普通全金属半硬壳式短舱和尾梁式结构,旋翼有5片桨叶,尾桨有4片桨叶。机组乘员由正、副驾驶员,领航员,随机机械师和无线电报务员5人组成。为便于装卸货物和车辆,座舱两侧的座椅是可折叠的,在座舱内装有承载能力为800千克的电动绞车和滑轮组。用作客运时,在座舱中央增设附加座椅,可运载65~90名旅客;用作救护时,可运载41副担架和两名医护人员;用作消防时,座舱内部装有盛灭火溶液的容器,灭火溶液通过喷雾器喷出或从机身腹部放出。

基本参数

机长:33.18米
机高:9.86米
旋翼直径:35米
巡航速度:250千米/小时
最大航程:620千米
实用升限:4500米

【战地花絮】

1957年10月30日,米-6直升机创造了该机型的第一项世界纪录:以12吨载重量飞行至2432米高度,是美国西科斯基飞机公司S-56重型直升机在同一飞行高度上创造的载重纪录的2倍。这一成绩在当时引起轰动。

停靠在草地上的米-6直升机

米-6直升机侧面特写

米-6直升机前侧方特写

苏联 / 俄罗斯米-8 "河马" 运输直升机

米-8 "河马"（Hip）是苏联米里设计局研制的中型直升机，最初作为一种 12 吨左右的运输直升机而设计，但在使用过程中设计局对它进行了深度的改装，变身成一种突击运输直升机，还有电子战、指挥、布雷等特种改型，连著名的米-24 系列武装直升机也是改自米-8 的基础设计。

米-8 直升机采用传统的全金属截面半硬壳短舱加尾梁式结构，机身前部为驾驶舱，驾驶舱可容纳正、副驾驶员和机械师。座舱内装有承载能力为 200 千克的绞车和滑轮组，以装卸货物和车辆。座舱外部装有吊挂系统，可以用来运输大型货物。米-8 武装型一般在机身两侧加挂火箭弹发射器，机头加装 12.7 毫米口径机枪，并可在挂架上加挂反坦克导弹。

基本参数	
机长：18.17米	机高：5.65米
旋翼直径：21.29米	巡航速度：230千米/小时
最大航程：450千米	实用升限：4500米

米-8 直升机在高空飞行

米-8 直升机前侧方特写

迷彩涂装的米-8 直升机

苏联/俄罗斯米-26"光环"通用直升机

米-26"光环"（Halo）是米里设计局研制的重型运输直升机，是当今世界上仍在服役的最重、最大的直升机。

米-26直升机是第一架旋翼叶片达8片的重型直升机，有两台发动机并实施载荷共享。它只比米-6直升机略重一点，却能吊运20吨的货物。米-26货舱空间巨大，如用于人员运输可容纳80名全副武装的士兵或60张担架床及四五名医护人员。货舱顶部装有导轨并配有两个电动绞车，起吊重量为5吨。米-26具备全天候飞行能力，往往需要远离基地到完全没有地勤和导航保障条件的地区独立作业。

基本参数
机长：40.03米
机高：8.15米
旋翼直径：32米
巡航速度：255千米/小时
最大航程：1920千米
最大升限：4600米

米-26直升机后侧方特写

准备降落的米-26直升机

米-26直升机进行编队飞行

苏联/俄罗斯米-28"浩劫"直升机

米-28是苏联米里设计局研制的单旋翼带尾桨全天候专用直升机,北约绰号为"浩劫"(Havoc)。它是当前世界上少见的全装甲直升机,只承担作战任务,特别强调飞行人员的存活率,其综合性能优越,多年来经常出现在国际武器装备展,是俄制新时代武器装备的代表之一。

米-28直升机机身为全金属半硬壳式结构,驾驶舱为纵列式布局,四周配有完备的钛合金装甲,并装有无闪烁、透明度好的平板防弹玻璃。前驾驶舱为领航员/射手,后面为驾驶员。它的主要武器为1门30毫米希普诺夫(Shipunov)2A42机炮,备弹250发。该机有4个武器挂载点,可挂载16枚AT-6反坦克导弹,或40枚火箭弹(2个火箭巢)。此外,还可以挂载AS-14反坦克导弹、R-73空对空导弹、炸弹荚舱、机炮荚舱等。

基本参数
机长:17.01米
机高:3.82米
旋翼直径:17.20米
巡航速度:250千米/小时
最大航程:1100千米
实用升限:5800米

基地中的米-28直升机

米-28直升机进行编队飞行

俄罗斯卡-50"黑鲨"直升机

卡-50"黑鲨"（Black Shark）直升机于1995年8月正式服役，成为俄罗斯军队新一代反坦克直升机。除能完成反坦克任务外，它还可用来执行反舰/反潜、搜索和救援、电子侦察等任务。

卡-50直升机机身为半硬壳式金属结构，采用单座舱设计。座舱位于机身前端，座舱内装有米格-29战斗机的头盔显示器及其他仪表，包括飞行员头盔上的瞄准系统。另外，在仪表板中央装设了低光度电视屏幕，它可以配合夜视装备使卡-50具有夜间飞行能力。该机是世界上第一架采用同轴反向旋翼的武装直升机，2具同轴反向旋翼装在机身中部，每具3叶旋翼，各旋翼的旋转作用力相互抵消，因此不需要尾桨，尾部也不需要再配置复杂的传动系统，整机的重量大大减轻。

即将起飞的米-28直升机

基本参数
机长：13.5米
机高：5.4米
旋翼直径：14.5米
巡航速度：270千米/小时
最大航程：1160千米
实用升限：5500米

迷彩涂装的卡-50直升机

卡-50直升机飞行编队

俄罗斯卡-52"短吻鳄"直升机

卡-52"短吻鳄"（Alligator）是俄罗斯在卡-50直升机基础上改进而来的，继承了卡-50的动力装置、侧翼、尾翼、起落架、机械武器和其他一些机载设备。不同的是，卡-52采用了并列双座布局的驾驶舱，而不是卡-50的单座驾驶舱。

卡-52直升机最显著的特点是采用并列双座布局的驾驶舱，而非传统的串列双座。这种设计是根据现代武装直升机的驾驶需要和所担负的战斗任务而设计开发的。并列双座的优点是两人可共用某些仪表、设备，从而简化了仪器操作工作，使驾驶员能集中精力跟踪目标，最大限度缩短做出决定的时间。卡-52能在昼夜和各种气象条件下完成超低空突击任务。

基本参数
机长：15.96米
机高：4.93米
旋翼直径：14.43米
巡航速度：250千米/小时
最大航程：1100千米
实用升限：5500米

卡-52直升机正面

卡-52直升机进行编队飞行

战斗中的卡-52直升机

欧洲"虎"式直升机

"虎"式（Tiger）直升机是欧洲直升机公司（Eurocopter）生产的武装直升机，主要装备德国、法国、西班牙、澳大利亚等国家的军队。该机于1984年开始研制，1991年4月原型机首飞，1997年首批交付法国。它是世界军用直升机发展史上在论证、决策方面持续时间最长的机型之一，其反坦克火力很强，且具备全天候作战能力和综合电子对抗能力。

"虎"式直升机的机身较短、大梁短粗。机头呈四面体锥形前伸，座舱为纵列双座，驾驶员在前座，炮手在后座，与同时期多数其他武装直升机相反。座椅分别偏向中心线的两侧，以扩大后座炮手的视野。机身两侧安装短翼，外段内扣下翻，各有2个外挂点。2台发动机置于机身两侧，每台前后各有1个排气口。起落架为后三点式轮式。机体广泛采用复合材料，隐身性能较佳。

基本参数
机长：14.08米
机高：3.83米
旋翼直径：13米
巡航速度：290千米/小时
最大航程：800千米
实用升限：4000米

"虎"式直升机侧面特写

在法国陆军服役的"虎"式直升机

起飞的"虎"式直升机

欧洲 NH90 通用直升机

NH90 是法国、德国、意大利和荷兰共同研制的中型通用直升机,可运载 14～20 人以及 2.5 吨的物资。此外,战术运输型直升机还可执行医疗救护、电子战、飞行训练、要员运输等任务,并能作为空中指挥所使用。

NH90 直升机的机身由全复合材料制成,隐形性好,抗冲击能力较强。4 片桨叶旋翼和无铰尾桨也由复合材料制成,可抵御 23 毫米口径炮弹攻击。机体有足够的空间装载各种海军设备,或安排 20 名全副武装士兵的座椅。通过尾舱门跳板还可运载 2 吨级战术运输车辆。该机的动力装置为两台 RTM322-01/9 涡轮轴发动机,单台功率为 1600 千瓦。NH90 还可携带反舰导弹执行反舰任务,或为其他平台发射的反舰导弹实施导引或中继。

基本参数	
机长:19.56米	机高:5.44米
旋翼直径:16米	巡航速度:260千米/小时
最大航程:1204千米	实用升限:6000米

NH90 直升机前侧方特写

NH90 直升机在高空飞行

NH90 直升机前方特写

法国SA 330"美洲豹"通用直升机

SA 330"美洲豹"（Puma）是法国宇航公司研制的中型通用直升机，其特点是载重大、抗坠性好、战场生存性强、舱内噪音低。机头（下部鼻部）加长，轮距加大，采用单轮主起落架，并可"下跪"以减少舰上收容空间。

SA 330直升机采用前三点式固定起落架，旋翼为4叶，尾桨为5叶。该机可视要求搭载导弹、火箭，或在机身侧面与机头分别装备20毫米机炮及7.62毫米机枪。机身背部并列安装两台透博梅卡"透默"IVC型涡轮轴发动机，最大功率为1177千瓦。机头为驾驶舱，飞行员1～2名，主机舱开有侧门，可装载16名武装士兵或8副担架加8名轻伤员，也可运载货物，机外吊挂能力为3200千克。

基本参数	
机长：19.5米	机高：5.14米
旋翼直径：15米	巡航速度：248千米/小时
最大航程：572千米	实用升限：6000米

SA 330直升机前方特写

SA 330直升机在高空飞行

停靠在甲板上的SA 330直升机

南非 CSH-2 "石茶隼" 直升机

CSH-2（CSH 是 Combat Support Hetlicopter 的缩写，意为：战斗支援直升机）"石茶隼"（Rooivalk）是由南非阿特拉斯（Atlas）公司研制的直升机，主要任务是在有地空导弹威胁的环境中进行近距空中支援和反坦克、反火炮以及护航。该机于1984年开始研制，1990年2月首飞，1995年投入使用。

"石茶隼"直升机的座舱和武器系统布局与美国 AH-64 "阿帕奇" 直升机很相似。机组为飞行员、射击员2人。纵列阶梯式驾驶舱使机身略显细长。后三点跪式起落架使直升机能在斜坡上着陆，增强了耐坠毁能力。2台涡轮轴发动机安装在机身肩部，可提高抗弹性。采用了两侧短翼来携带外挂的火箭、导弹等武器。前视红外、激光测距等探测设备位于机头下方的转塔内，前机身下安装有外露的机炮。与"阿帕奇"不同的是，"石茶隼"的炮塔安装在机头下前方，而不是在机身正下方。这个位置使得机炮向上射击的空间不受机头遮挡，射击范围比"阿帕奇"大得多。

基本参数
- 机长：18.73米
- 机高：5.19米
- 旋翼直径：15.58米
- 巡航速度：278千米/小时
- 最大航程：1200千米
- 实用升限：6100米

CSH-2 "石茶隼" 直升机俯视图

CSH-2 "石茶隼" 直升机武器特写

英国AW159"野猫"直升机

AW159"野猫"（Wildcat）是英国阿古斯特·韦斯特兰（AgustaWestland）公司研制的多用途直升机，可执行战术部队运输、后勤支援、反坦克、伤员撤退、侦察和指挥等多种任务。

AW159"野猫"直升机采用2台LHTEC CTS800涡轮轴发动机，单台功率为1016千瓦。该直升机的主要武器为FN MAG机枪（陆军版）、CRV7制导火箭弹和泰利斯公司的轻型多用途导弹。海军版装有勃朗宁M2机枪，还可搭载深水炸弹和鱼雷。

基本参数	
机长：	15.24米
机高：	3.73米
旋翼直径：	12.8米
最大重量：	6000千克
最大速度：	291千米/小时
最大航程：	777千米
实用升限：	3050米

CSH-2"石茶隼"直升机正面

高空飞行的AW159"野猫"直升机

AW159"野猫"直升机战斗演习

日本 OH-1 "忍者" 直升机

OH-1 "忍者" (Ninja) 是日本川崎重工于 20 世纪 90 年代初开始研制的一种轻型武装侦察直升机,其原型 OH-X 于 1996 年 8 月初首飞成功,于 1997 年生产,2000 年服役,并逐渐淘汰了美制 OH-6D 直升机(美国研制的轻型侦察直升机)。

OH-1 "忍者" 直升机使用了大量复合材料,采用日本航空工业的 4 片碳纤维复合材料桨叶/桨毂、无轴承/弹性容限旋翼和涵道尾桨等最新技术。纵列式座舱内装有其他武装直升机少有的平视显示器。尾桨 8 片桨叶采用非对称布置,降低了噪音,减少振动。据称,OH-1 飞行表演时发出的声响明显小于美国 AH-1 "眼镜蛇" 直升机。

基本参数	
机长:	12米
机高:	3.8米
旋翼直径:	11.6米
最大速度:	278千米/小时
巡航速度:	220千米/小时
最大航程:	540千米
实用升限:	4880米

日军士兵与 OH-1 "忍者" 直升机

OH-1 "忍者" 直升机特写

韩国KUH-1"雄鹰"直升机

KUH-1"雄鹰"（Surion）直升机是韩国航天工业公司（Aerospace Industries）于21世纪初期研发的通用直升机，它的研制成功使韩国继成为世界上第12个开发出超音速飞机的国家后，又成为世界上第11个开发出直升机的国家。

"雄鹰"武装直升机以AS332"超级美洲豹"为原型发展而来，因此两者有一定的相似之处。"雄鹰"配备了全球定位系统、惯性导航系统、雷达预警系统等现代化电子设备，可以自动驾驶、在恶劣天气及夜间环境执行作战任务以及有效应对敌人防空武器的威胁。该机驾驶员的综合头盔能够在护目镜上显示各种信息，状态监视装置能够检测并预告直升机的部件故障。装于两侧舱门口旋转枪架上的新式7.62毫米XK13通用机枪，配有大容量弹箱以及弹壳搜集袋，确保火力持续水平。"雄鹰"的续航能力在2小时以上，可搭载2名驾驶员和11名全副武装的士兵。该机可以遂行作战和搜救任务，对于多山的韩国来说可谓量身打造。

【战地花絮】

"Surion"是韩语发音。"Suri"意为"雄鹰"，"on"表示"完美"，因此Surion有时也被译为"完美雄鹰"或"雄鹰百分百"。

基本参数：
机长：19米
机高：4.5米
旋翼直径：15.8米
巡航速度：259千米/小时
最大航程：480千米
实用升限：3000米

KUH-1"雄鹰"直升机正面

KUH-1"雄鹰"直升机进行编队飞行

参考文献

[1] 军情视点. 陆战之王：全球坦克 100 [M]. 北京：化学工业出版社，2020.
[2] 军情视点. 世界王牌武器入门之作战辆 [M]. 北京：化学工业出版社，2018.
[3] 郭漫. 青少年必读：世界陆军武器图鉴 [M]. 北京：航空工业出版社，2010.
[4] 《尖端武器装备》编写组. 尖端陆军武器 [M]. 北京：中航出版传媒有限责任公司，2014.
[5] 白海军. 十大最具陆战威力的主战坦克. 北京：化学工业出版社，2013.
[6] 《军事装备 ARMS》杂志社. 世界武力全接触——美国陆军 [M]. 北京：人民邮电出版社，2012.
[7] 罗杰·福特. 坦克（世界武器手绘珍藏本）[M]. 黎毅，译. 北京：中国青年出版社，2006.
[8] 《坦克装甲车辆》杂志社. 矛与盾：主战坦克 PK 武装直升机 [M]. 北京：机械工业出版社，2014.